中国建筑的魅力

美轮美奂

中国建筑装饰艺术

楼庆西 著

「十二五」国家重点图书出版规划项目

“中国建筑的魅力”系列图书
总编委会

主　任
沈元勤　张兴野

委　员
（按姓氏笔画为序）

王志芳　王伯扬　王明贤　王贵祥　王莉慧　王海松
王富海　石　楠　曲长虹　刘　捷　孙大章　孙立波
李先逵　邵　甬　李海清　李　敏　邹德依　汪晓茜
张百平　张　松　张惠珍　陈　薇　俞孔坚　徐　纺
钱征寒　海　洋　戚琳琳　董苏华　楼庆西　薛林平

总策划
张惠珍

执行策划
张惠珍　戚琳琳　董苏华　徐　纺

《美轮美奂——中国建筑装饰艺术》
作者：楼庆西

目 录

概 论

第一章 千门之美

第二章 屋顶造型

第三章　雕梁画栋

第四章　户牖之艺

第五章　台基雕作

概　论

一、中国古代建筑的特征

二、中国古代建筑装饰的起源

三、中国古代建筑装饰的内容与表现手法

一、中国古代建筑的特征

埃及大斯芬克斯金字塔

辽宁沈阳清福陵

意大利威尼斯广场

北京紫禁城太和门广场

在世界建筑的发展历史中，中国古代建筑是一个具有很大特征的体系。如果和西方古代建筑相比，中国古代建筑的特征主要表现在三个方面，即，建造房屋采用木结构体系、建筑的群体性，以及建筑形象的艺术性。

第一，采用木结构体系。中国建筑，不论是宫殿、寺庙、园林、住宅等各种类型的房屋，它们都用木材筑建成房屋的主要构架；而在西方却用石材构筑。古埃及的陵墓金字塔和陵前的狮身人面像都是用大量石料构筑而成的；但在中国，封建帝王的陵墓却用木材构筑地面的门楼和殿堂。意大利威尼斯是一座著名水城，城内的圣马可广场集中建有教堂、图书馆等公共性建筑，位于广场中的总督府是一座用石材建成的3层楼房，在石柱和石墙上都用精美的雕刻作装饰，还有竖立于广场中的石柱，连广场的地面大部分也是用石料铺砌的。中国北京紫禁城内的太和门是封建帝王朝政用的大殿建筑群的大门，太和门及它四周的房屋都是木柱子、木梁枋构成的木结构，在这些柱子、梁枋上都有红色的或是彩色的油漆彩画作装饰。不同的材料和结构产生了不同的建筑形象和装饰。中国古代的工匠在长期的实践中，不但用木料建造出巍峨的宫殿，而且还建造了高层的佛塔。山西应县佛宫寺的释迦塔就是一座高达60余米，全部用木料构筑的高塔，自1056年建成至今已经有900多年的历史，其间历经几次地震，仍完好地屹立于原地。

第二，建筑的群体性。中国的古代建筑，就

山西应县佛宫寺塔

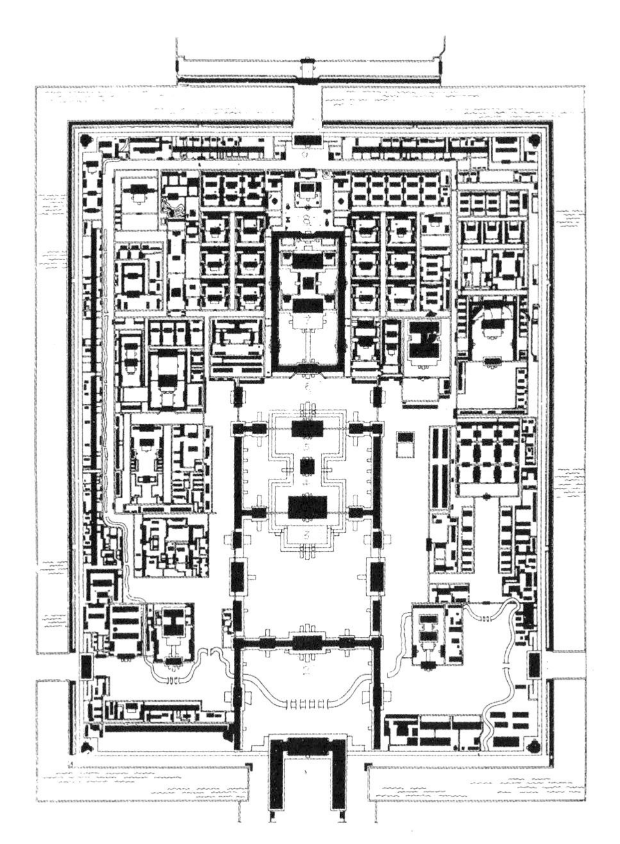

北京紫禁城平面图

北京紫禁城太和殿

河北易县清西陵

个体来看，体量多不很大。北京紫禁城的太和殿是明、清两代皇帝举行国家大礼典的殿堂，每逢一朝帝王登基、结婚和重要节日，皇帝都要在这里举行盛大礼仪，接受文武百官的庆贺与朝拜。所以太和殿是紫禁城内最重要的大殿，位于紫禁城的中心，它的面积有2377平方米，在紫禁城诸殿堂中体量最大。但它的高度并不高，虽然采用的是双层重檐，属于屋顶中最高等级的四面坡形式，但自屋脊至地面只有27米。如果和西方古建筑相比，意大利罗马的万神庙建于公元120－124年，是当时罗马最重要的庙堂，其圆顶高度为43.3米。罗马另一座圣彼得教堂，建于16世纪，这是代表着意大利文艺复兴时期建筑技术与艺术最高成就的大教堂，它采用的也是石料筑造

山西灵石王家大院住宅

北京颐和园谐趣园

的圆拱顶，自室内拱顶至地面有123.4米。但是明、清两代的皇家宫殿不只是一座太和殿而是一组殿堂的群体。在占地72万平方米的紫禁城内，共有大小建筑数百座，总计面积16万多平方米，它们组成为一组庞大的排列有序的宫殿群体。它们是目前世界各国现存的宫殿建筑中规模最大，气势最宏伟的一座。除宫殿建筑之外，中国的寺庙、园林、住宅也都是如此。大量的佛寺都是由山门、佛殿、藏经楼布置在中轴线上，两侧有侧殿、钟鼓楼、僧房相围合而成为一座佛寺建筑群。园林不论大小，都有厅堂和亭、台、楼、阁与山水、植物组成有自然之趣的园林环境。中国

浙江宁波保国寺

自两千年前的汉朝就有了四合院的住宅，它们由单幢房屋围合成院，给居民创造出一个安静的、有私密性的居住环境，这种群体性的住宅一直沿用至今。

第三，建筑的艺术性。建筑除了少数纪念碑之类的以外，都兼有物质与艺术两方面的功能。建筑以其自身的空间和建筑之间所形成的场院环境，为人类工作、生活、娱乐、休息等各方面的需要提供必要的场所，这是它的物质功能。建筑又以其实体的各种造型供人们观赏，这是它的艺术功能。古代工匠充分应用木材构筑出宫殿、寺庙、陵墓、园林、住宅等不同的建筑形象，同时又

房屋屋顶上的瓦当、滴水

各地住房屋顶正脊、正吻图

各地住房屋顶正脊、正吻

善于对建筑的各部分构件在制作中进行美化的加工而使这些构件具有美观的外形。工匠对屋顶上的瓦头加以雕饰而成为瓦当与滴水；将屋面相交的屋脊和屋脊相交而成的节点加工而成为丰富的屋脊和宝顶装饰。工匠对木结构中的梁枋、柁墩、撑木的整体和局部都进行了美化处理。将为了保护木材而在木材表面涂刷的油漆发展成绚丽的彩画。房屋的门供人出入行走，窗供室内

寺庙屋顶正脊

祠堂屋顶正脊

会馆屋顶正脊

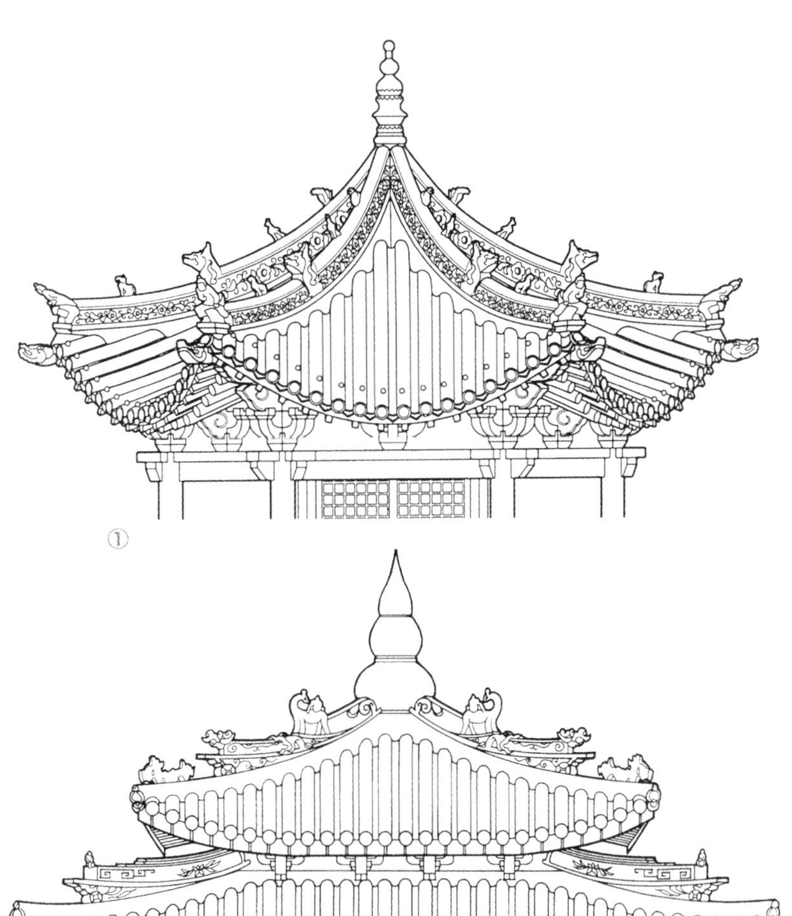

①

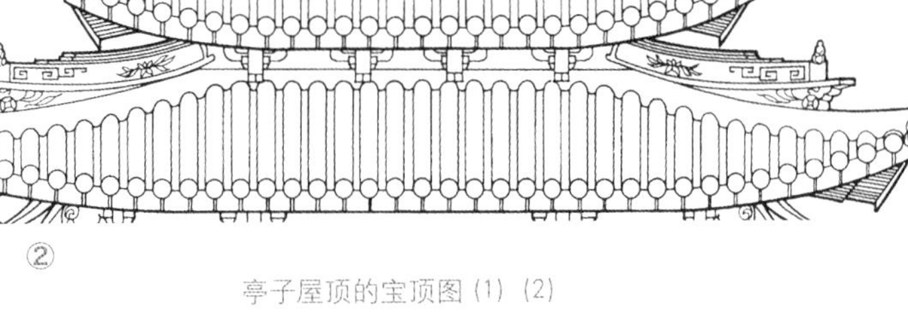

②

亭子屋顶的宝顶图 (1) (2)

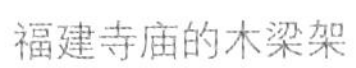

福建寺庙的木梁架

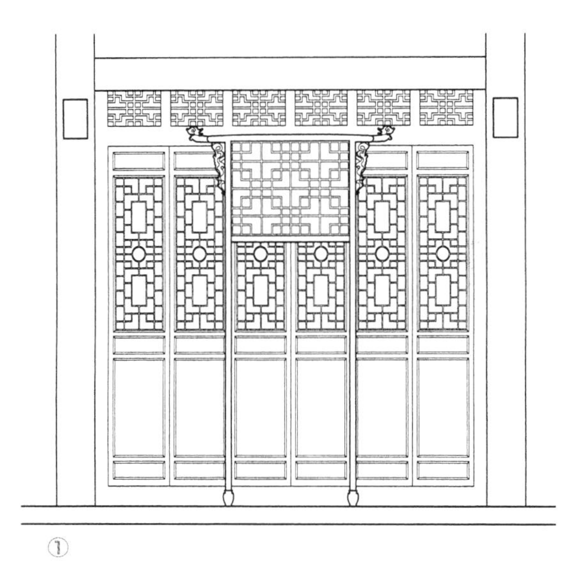

①

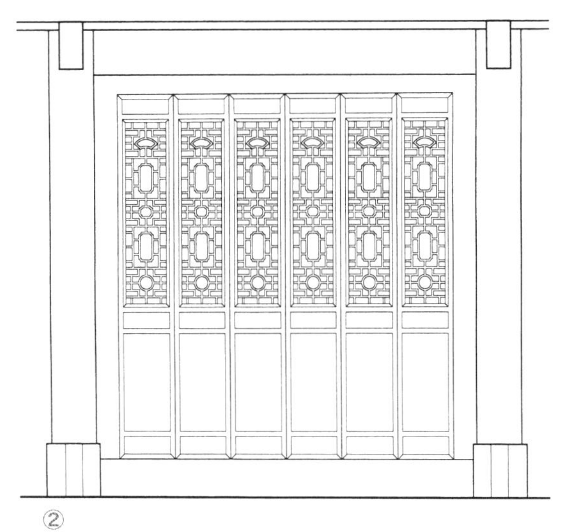

②

山西住宅门 (1) (2)

山西庙堂梁枋彩绘

采光与通风，都具有很强的物质功能，但工匠却利用门窗上部的条格制造出千姿百态的格纹花饰，在门窗的下部施以各式雕饰，使门窗成为建筑最富装饰的部分。石料制造的台基，在基座、栏杆、柱头部分都有程度不同的石雕处理。所以可以说从建筑的屋顶、构架、门窗到基座，从上到下都有装饰的处理，这些普通的构件，经过这样的处理，不仅使它们具有形式之美，而且有的还表现出一定的人文内涵，极大地增添了建筑的艺术表现力，从而成为中国古代建筑重要的特征之一。

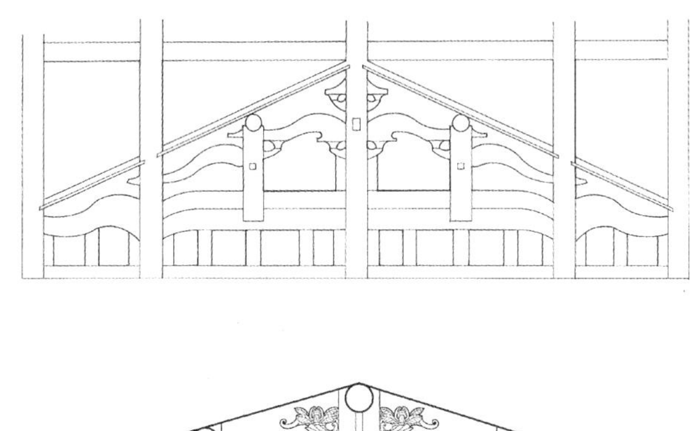

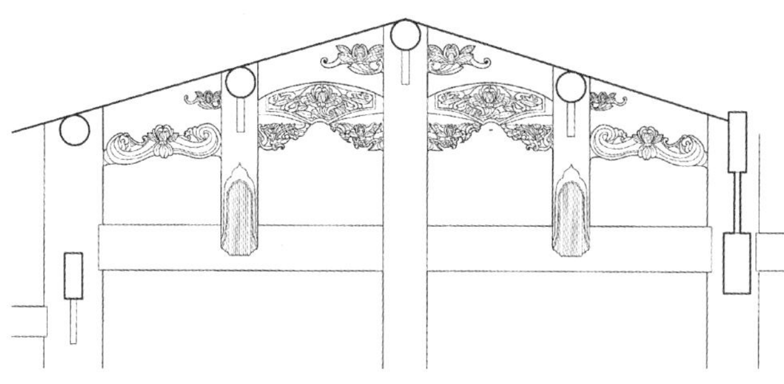

福建住宅的木梁架图

宫殿建筑石基座

浙江住宅窗饰图

二、中国古代建筑装饰的起源

古代油灯（1）（2）

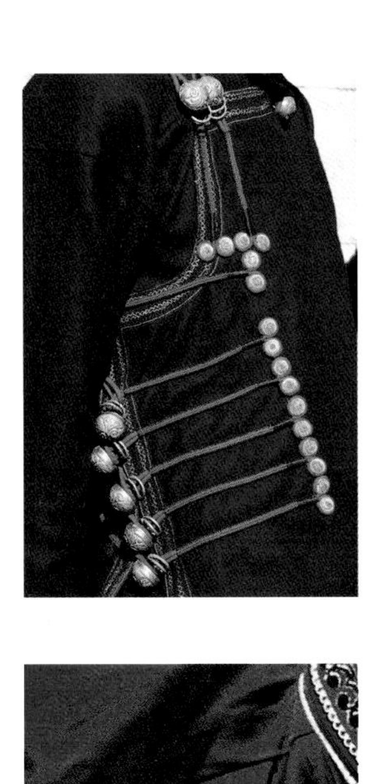

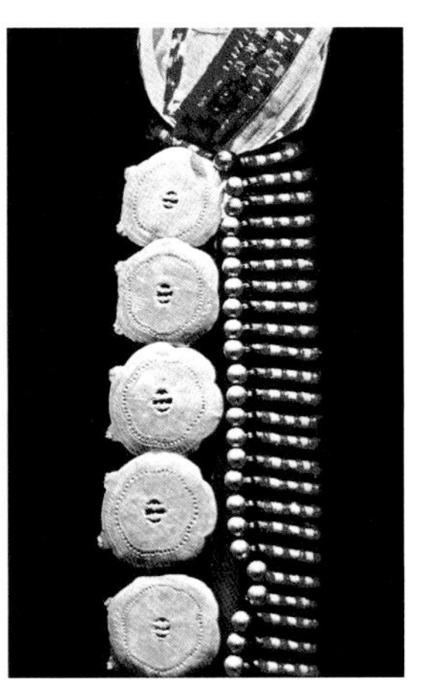

民族服装上纽扣（1）（2）（3）

何谓装饰？在《辞海》中的“装饰”条文说：“修饰；打扮”。在《简明不列颠百科全书》的“装饰艺术”条文中说：“指各种能够使人赏心悦目而不一定表达理想与观点，不要求产生审美联想的视觉艺术，一般还有实用功能。陶瓷制品、玻璃器皿、宝石、家具、纺织品、服装设计和室内设计，一般被认为是装饰艺术的主要形式。”在这里，特别提到陶瓷制品与服装设计，因为它们都是人类生活中不可缺少的日用品。现在以油灯为例，翻开中国的历史，早在数千年以前就用油灯照明，我们见到的两座古代油灯都是由上面盛油的灯盘和下面支撑的灯座组成。有意思的是这里的灯座，一座是做成一只展开双翅的飞鸟仰着头用嘴顶着灯盘；另一座是一位跪坐在马背上的人物用双手抱着圆柱支撑着灯盘。灯座是油灯不可缺少的组成部分，在这里分别做成飞鸟和人物形象了，它们成为油灯的一种装饰，而且可能还含有古人的某种理念。再以服装为例，中国古代服装多数都有纽扣，早期都用布条编成纽与扣分别缝在衣襟两边，而妇女多把这些纽与扣编成各式花样，使它们不仅能扣住衣襟，而且还具有美观的外形，成为服装上的一种装饰。后来服装上不用手工编的而用牛角制造的扣子了，直至现在用玻璃、化学制品制作的扣子，但是为了保持纽扣具有的装饰作用，所以这些新式的扣子不仅有大小厚薄的区别以适应各式服装的需要，而且还有样式、色彩、质感的不同以供人们挑选。通过油灯与服装的例子可以说明，在各类生活用品

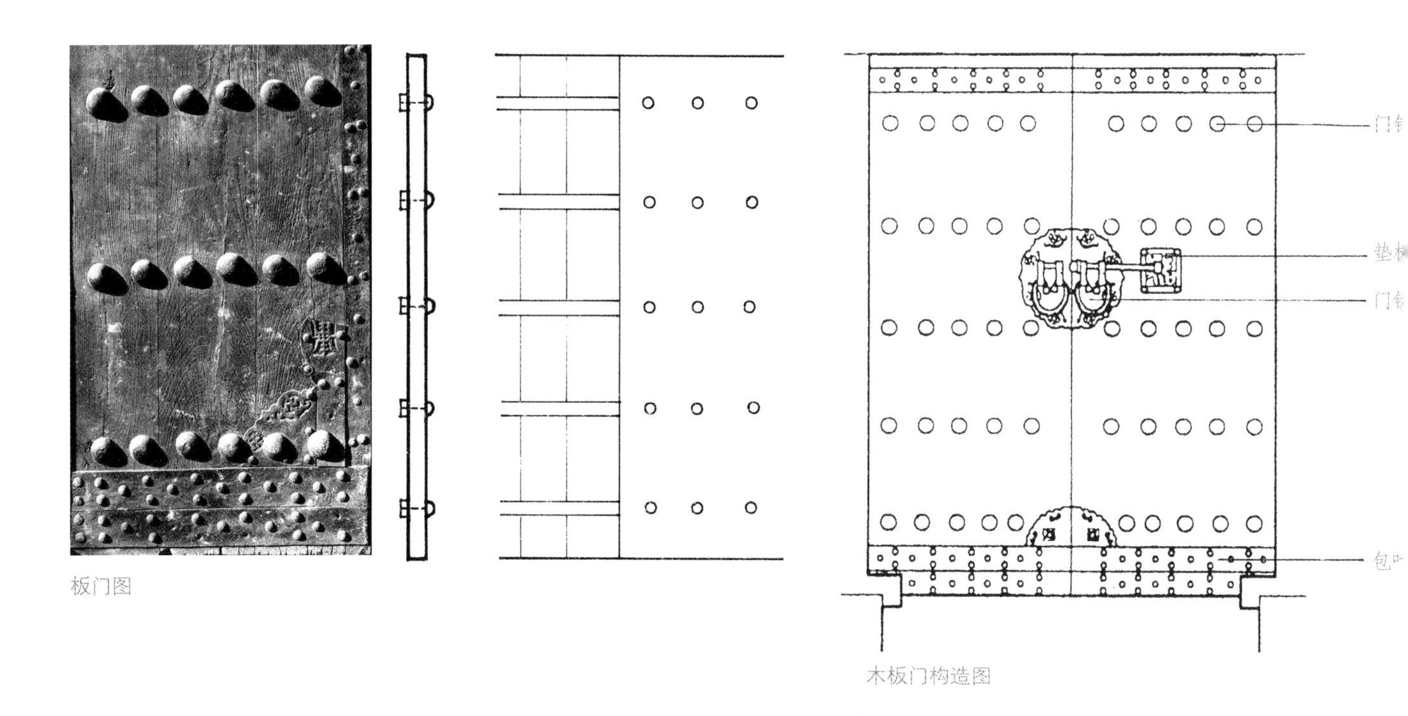
板门图

木板门构造图

中，制作者都会对这些日用品的某一部件进行程度不同的加工，从而使这些具有物质功能的部件同时还具有了美观的外形，起到了装饰的作用，因而这样的构件被看作装饰构件，可以说这就是在日用品上装饰的产生过程。

建筑从属性上看，它和油灯、服装之类的日用品有相同之处。一座油灯虽然体量不大，但它放在桌子上供人观赏时同时也具备了造型艺术的作用。穿在身上的服装也是这样，同时具有物质与艺术的双重功能。如今在流行的服装表演、发布会上，它们的艺术功能甚至超过了物质功能。那么建筑装饰的产生与发展是否和油灯、服装等日用品有相同的过程呢？现在以古建筑上的大门为例来观察这个过程。

建筑的大门，尤其是一组建筑群体的大门，例如小至一座四合院住宅的宅门，大至一座寺庙、宫殿建筑群体的寺门、宫门，为了安全、防卫上的需要，都采用板门的形式。就是用比较厚实的木板，左右相拼，联成整幅门板，所以称“板门”。板门的做法是将相同高度的长条木板左右相拼，然后在后面等距离地排列若干条横向穿带木，用大型铁钉从板门正面钉进木板，将这些木板与穿带木紧紧地拼联成一个整体的门板，成排的钉子头被有序地排列在门板上，称为门钉，为了进一步加强板门的整体性，除穿带木外，还用铁皮在门板的上、下方横向围包，也用小铁钉将铁皮钉在板门上，这种铁皮称“包叶”。

左右两扇门板安装在门框上，为了从外面关上大门，需要在门上安装一副门环，这种圆形的金属门环依靠门环座安装在板门上。这样的门环同时还有外人欲进入建筑，用门环叩击门板呼叫主人开门的作用，所以又称“门叩”。门环叩击

板门上门环

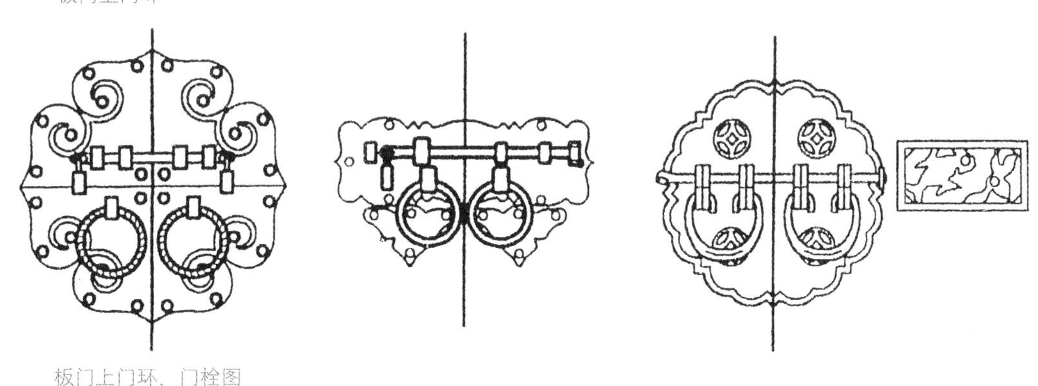

板门上门环、门栓图

板门会损坏木质门板，因此多在叩击处安装一小块金属垫板，垫板既保护了门板，又使门环叩击垫块，金属叩金属其声响也比较大，易于呼叫。当建筑主人外出需要从外面将门锁住，所以板门上还需要安装一副门栓。门栓为铁制，它的形式是一长条铁栓水平地套在平行的小铁环里，一头大，一头留出小孔供门锁穿用。长条铁栓的一端大头经常碰击板门也易于损坏门板，所以常在铁栓头所在位置的门板上钉一块铁皮以资保护。一座不大的板门上，出现了门钉、门环（门叩）、门栓、包叶等一系列构件，它们都是具有不同物质功能，大门上不可缺少的部分，但是经过工匠之手都进行了不同程度的美的加工。门钉被整齐地排列在门板上，具有一种有序的形式美；铁皮

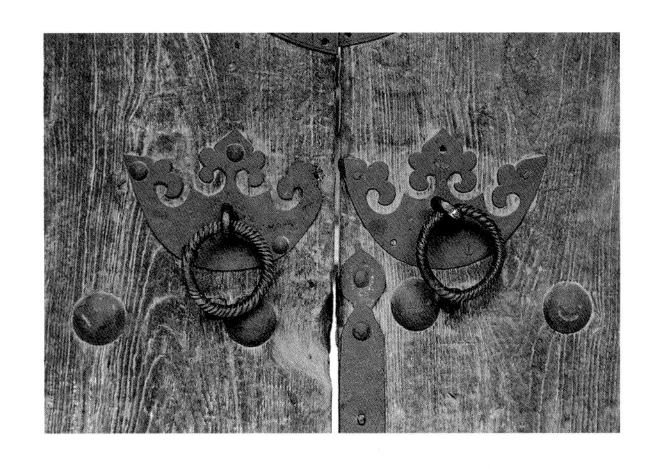

板门上门环

包叶上不但排列着一排排小铁钉，而且还刻出万字、如意等纹样；安装门环的门环座上，门栓头的垫板上也都刻出万字、如意、鱼形等具有象征意义的纹样；环形门环有的做成圆方形、讹角方形、竹节形；门环下小小的垫块做成花瓣形，甚至做成蝙蝠形状。

我们将视线转向北京城的宫殿大门。从皇城大门天安门进入紫禁城的午门，并经过太和门来到前朝部分的三大殿，在这层层宫门上都可以见到两扇高大的板门，每一扇板门上都整齐地排列着横九排、纵九列共计81枚门钉，板门中央安有一副门环，圆形的门环被一只兽头衔在口中。这里的板门被漆成大红色，门上的门钉、门环、兽头都是金色。为什么宫殿的大门要用9×9=81枚门钉？这与中国古代的“阴阳五行”学说有关系。古人认识世界万物皆分阴阳。男性为阳、女性为阴；天为阳、地为阴；数字中单数为阳、双数为阴；阴阳共生，相对又不可分。在这种认识下，封建帝王为男性，属阳，数字中单数为阳，而单数中又以九为最高，所以帝王所用之物皆用九数以示为最高、最大、最吉祥。于是在紫禁城内，上下太和殿三层台基的皇帝专用御道上雕刻着九条象征帝王的龙；宫殿前琉璃影壁上也有九条龙称为“九龙壁”；所以宫殿大门上出现了横九排、纵九列共计81枚门钉。为什么宫殿要用红色的大门、金色的门钉和门环？人类认识红色很早，早期人类有的住在山洞中，清早太阳升起时是红色的，象征着晴朗的一天的到来；吃的是野兽肉，肉也是红色的。在距今五万年前的北京房山周口店山顶洞里留存的早期北京人遗物中，发现在砾石和骨器上染有红色，考古学家推测可能是当时人们的装饰品，说明当时已经把红色当作是一种吉祥的颜色。在中国长期的封建社会里，始终将红色作为喜庆之色。人们结婚时要在墙上、窗上贴大红喜字；妇女生儿育女在满月时要请客人吃染红的鸡蛋；每逢春节，家家户户都要在大门上贴上新的红色对联，屋檐下挂上大红灯笼；一片喜气洋洋。所以在紫禁城里的宫殿建筑，屋身部分的门窗、立柱、墙面都用了红色。金为一种矿物质，其色呈黄又具金属光泽，故称黄金，价格昂贵。紫禁城的宫殿在门窗、梁枋彩画上大量用金箔粘贴，金光闪闪显出一幅辉煌景象，装饰效果十分强烈。所以在宫殿大门上特别用了大红门板、金色门钉、门环绝非偶然。北京作为明、清两代都城，除紫禁城的宫殿群外，还有皇家专用的园林、坛庙、陵墓，在这些皇陵、皇庙、皇园的主要建筑上，同样见到这种大门，所以这种“红门金钉金铺首（古代将门环称作铺首或门钹），九九81枚门钉”成了皇家建筑专用的大门形式了，在这里，门钉、门环不仅是一种大门上有机的构件，而且是一种具有象征意义的装饰，成为一种代表皇家建筑的符号。在长期的建筑实践中，建造技术不断得到发展，制作大门的技术也不断改进，在门板背后见不到排列的穿带木，因为它们已经变成扁平的暗穿带插入门板之中，使板门外观更显完整。技术的进步使穿带木的作用加强而不再需要铁钉的钉合，于是板门上的门钉失去了物质功能。值得注意的是本应在门板上消失的门钉却依然保留在大门上，这是因为最初的门钉同时具有物质与装饰双重功能，但是二者之间并非不可分割，门钉、门环的装饰作用也可以独立存在，当它们的物质功能消失之后，其装饰作用仍在继续起作用，尤其是这些红门上的金钉、金门环已经成为皇家建筑大门的标志和符号时，它们必然会被长久地保留在大门上，只是其形态或做法有时会有一些变化，例如宫门上的门环变成贴附在门板上的浮雕了；门钉变成一枚枚木制圆头粘附在门板上了，甚至为了省事，突出的门钉变为画在门板上的金色圆球。

现在将视线由宫殿大门转向普通的住宅大门。山西襄汾县有一座古老的丁村，至今已经有

北京紫禁城宫殿大门

宫殿大门上铺首与门钉

丁村住宅大门图

近五百年的历史，如今村里仍保存有二十多座明、清时期的住宅。这些住宅的大门和侧门都用的是木板门，在它们的门板上可以见到上面介绍过的门钉、门环、门锁、包叶等金属构件。可以明显地看出，住宅越讲究，大门越大，门板上面的这些金属构件也越多。在这些大门上，可以看到安装固定门环的铁皮底面积越来越大，成为一块方形、长方形或圆形的花板；门栓头下的垫板也发展成为一块铁花；加固门板的铁皮包叶由长条而蔓延到四个角，变成四块三角状的角花。在这些铁皮、铁板上的雕刻花纹也越来越多而复杂了。总之，这些铁构件的装饰作用日益被加强，进而发展到在一些讲究的住宅大门板上出现了与这些铁构件没有关系的铁花装饰。刻成寿字、花瓶的铁花钉在两扇门板上，它们是单纯的装饰构件。正因为这些单纯装饰构件的出现，使丁村住宅大门的装饰异常丰富，在这座古老的村落里组成为一道特殊的门上铁花艺术的景观。

山西襄汾丁村住宅大门

我们从宫殿大门上失去物质功能而留下作为装饰的门钉、门环，以及乡村住宅大门上出现的单纯装饰的铁花，可以归纳出在古代建筑上装饰的产生与发展的一般规律：建筑上有实际功能的构件——经过工匠的加工使它们同时有了美的形象——用人们熟悉与喜爱并有特定象征意义的形象装饰构件——有的构件失去了原有的物质功能而成为纯装饰构件——同时在建筑的各部位附加纯装饰构件——装饰构件不受物质功能的限制而可以自由创作出多样的形象。这就是中国古代建筑装饰的产生与发展的轨迹。

三、中国古代建筑装饰的内容与表现手法

（一）建筑装饰的内容

和探讨装饰的起源一样，先观察一下日用工艺品上的装饰内容。在中国早期社会，随着人类生活的定居和火的广泛应用，在距今五千年的新石器时代后期，逐渐生产出了陶器。在这个时期出土的大量陶器中，可以看到造型比较简单的盆、杯、碗、罐，这些都是当时人们的日常生活用具。而就在这些陶器上我们看到了绘制的鱼和青蛙，植物花叶和各式几何纹图像，这些动物与植物是当时人类在生活中常见到和接触过的形象。这些几何纹也应该是人们依据自然界山、水等实物进行概括、抽象而形成的。在陶器上的装饰纹样中还见到一种人头鱼身的怪异形象，这应该是人类根据人与鱼的形象经过意念思维而创造出的表达某种理念的一种形象。

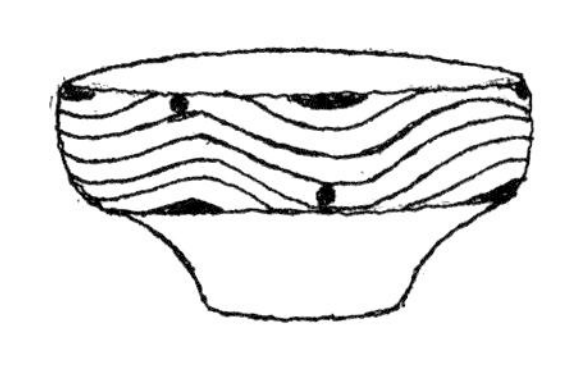
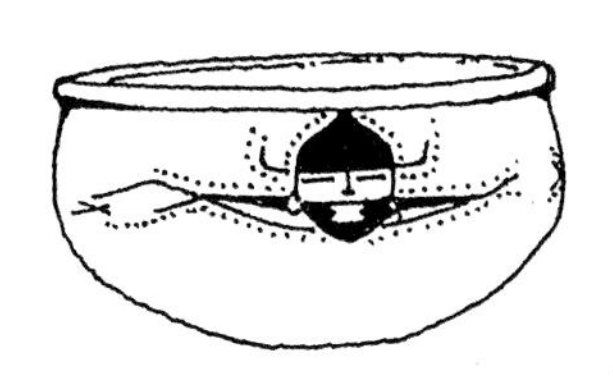
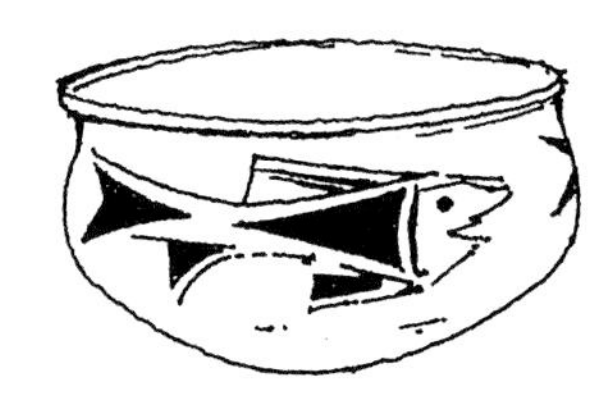

古代陶器

青铜制作的尊、盂、罐等原来也是生活用具，但青铜价高，制作工艺复杂，所以青铜器逐渐变成为一种礼器。以殷商及西周时期的青铜器为例，器物上出现的纹样以饕餮纹为主。饕餮具有兽头的形象，它宽脸、大眼，头上生出双角，似牛非牛，似虎非虎，可以说它是一种当时人们创造出来的综合了数种动物形象的神兽。它的形象怪诞而狞厉，反映了那个战争连绵、充满恐怖的野蛮时代，象征着一种强大的威慑力量，成为一种供人信仰与祭拜的图腾。

无论是陶器上的动、植物纹样，还是青铜器上的饕餮纹，它们的出现说明一个时代的装饰内容总离不开当时人类对周围客观世界的认识，在装饰上出现的形象就是人们在生活中所接触和熟悉的事物；同时也会反映出这一时代人们的意识形态。

建筑装饰也是如此，综观中国古代建筑装饰所表现的是些什么内容呢？中国的长期封建社会是以礼治国，礼是什么？礼是决定人伦关系，明辨是非的标准，是制定道德仁义的规范。在两千年前编写的《礼记》和《周礼》是两部专门说

古代铜器上饕餮纹

商代饕餮纹样

明礼制的著作，在这两部书中将城市分为帝王的王城，诸侯的国都和宗室的都城，规定了这三种城市的城楼之高度分别为九丈、七丈与五丈；城中南北向大道之宽分别为九轨（即能并行九辆车）、七轨与五轨。礼制中还规定建造房屋宫室体量越大越高贵，数量越多、高度越高越高贵，从帝王到一般朝廷官员，它们的宫室厅堂之高度分别为九尺、七尺、五尺和三尺。甚至连平时使用器皿的大小、死后坟头的高低、棺椁的厚薄，都按官位大小而有高低之分，所以礼制最根本的是社会的等级制，它不仅是一种思想，而且还是一系列行为的具体规则。

在以礼治国的中国封建社会里，儒家学说成了社会的思想支柱，成为中国专制社会的统治思想。在这样的社会环境里，经过历史的积淀，铸成了忠、孝、仁、义的社会道德观念，即对上忠

安徽歙县棠樾村口牌坊群

棠樾村口石牌坊

于国君，对父母需尽孝心，对兄弟、友人要讲仁、义，它们成了封建社会占统治地位的道德规范。福、禄、寿、喜是人们从现实生活中凝结出来的人生理念，成了上自君王下至百姓共同的人生追求，而招财进宝、喜庆吉祥也成了广大百姓的人生向往。在中国古代的诗词歌赋、绘画、雕塑中多充满了这种内容，在诸多的文学艺术作品中也都在传播和颂扬这种时代的精神。建筑装饰也不会例外。中国的牌坊是一种标志性建筑，也用以表彰和纪念一件事迹或人物。安徽歙县棠樾村村口一连竖立着七座石牌坊，其中表彰在朝廷做官尽忠报国的一座；在家侍奉父母，恪守孝道的三座；丈夫早亡，妻子终身不再嫁严守贞节的两座；平日乐善好施者一座。这七座牌坊通过在石牌坊上的装饰和文字表彰了其人其事，向百姓宣扬了忠、孝、仁、义的封建道德。

（二）建筑装饰的表现手法

按艺术的分类，建筑与绘画、雕塑同属造型艺术一类，都以具体的形象表现其思想内容。但建筑与绘画、雕塑又不完全相同，画家可以在画布与纸上任意绘制出多种人物、事物的形象，雕刻家可以用泥土、石材雕塑出各种具体的形象。但是建筑的形体首先决定于建筑的实际功能性和所采用的材料与结构方式。一座可以容纳数万观众的体育场和一座住宅楼，它们的不同功能就决定了自身体量与体形的不同；木结构与石结构的差异造就了不同形态的房屋。建筑上的装饰尽管其中许多采用了动物、植物、器物的具体形象，但这些形象多受到装饰所在部位与构件的限制，在形状和大小上都会受到约束。正因为有了这些特点，使建筑装饰从整体创作来看，它在表达情节时不能像绘画、雕塑那样用众多的人物、环境组成一幅场景和画面，而多用象征与比拟的表现方法。即用一些具有特定象征意义的形象来表达一定的思想内涵。在个体形象塑造上为了便于制作多将这些形象规范化与程式化，现在分别介绍如下。

1.象征与比拟

在中国早期社会里，人们的一些思想与愿望往往多通过神话与宗教来表达，多采用象征与比拟的方法来表现。两千多年前的秦始皇想当万世之王，永不衰老，听术士之言，国之东海有神山，山上生长神草仙药，人食用后可长生不老，于是派使臣率童男童女下东海采集仙药，结果当然有去无回。始皇求仙药不得只好在都城咸阳引渭河之水造长池，在池中用人工堆筑仙岛蓬莱山，

北京北海琼华岛

北京圆明园福海琼岛瑶台

北京颐和园昆明湖三岛

企求神仙降临赐送仙药。继秦始皇之后，汉武帝在长安建章宫内建造太液池，池中也堆筑了三座仙山；唐代都城长安城的大明宫内有一座后花园御苑，苑内水池内堆了一座蓬莱岛；元、明两代在北京城御园西苑的北海中有琼华岛；清代在北京西北郊大建皇园，前期建造的圆明园中，在最大的水面福海中有一处蓬岛瑶台；在之后建的清漪园昆明湖中，有意留出了三座岛屿。这种在湖池中堆山筑岛以求神仙赐送仙药的做法，对于一心想长生不老的帝王来讲只能满足他们心理上的需要，因而只具有象征与比拟之意，但这种象征、比拟之法却一直沿袭一千余年而至后世。

在人与自然关系上自古以来也有这种象征现象。两千多年前的孔子曾说过“知者乐水，仁者乐山”，意思是智者乐于治世，如流水般不知穷尽，仁者像自然界高山一样，岿然不动而万物滋生。孔子将自然界的山水与人的品德相联系，因此在以后的人工造园中，堆山与挖掘水池不仅创造出人工的自然环境，而且还被赋予了思想内涵，形成“水令人性淡，石令人近古”的象征与比拟的意义。魏晋南北朝时期各地封建王国相互侵略并吞，战争连绵不断，士人深感世事无常，消极悲观，于是老庄学说兴起，崇尚自然，好谈玄理成了文人士族一时期的时尚。他们逃避现实，隐逸江湖，遨游于山水、植物间；他们借景抒情，托物寄兴，一时间山水诗与山水画盛行，大大促进了人们对自然山水、植物的观察与研究。人们认识到高山上的青松四季常青，枝杆挺立；山间翠竹，竹身中空而有节，可弯而不可折；寒冬腊月，百花凋谢，唯有冬梅遨放于雪中。文人士族不但看到这松、竹、梅的自然生态，而且还领悟到这些生态中所包含的人生哲理。古人形容大男子要站如松，行如风；要人们像竹身中空那样心胸中虚而开阔，不为势利而折腰；要像腊梅那样不畏飞雪严寒而永现花容。所以松、竹、梅被喻为“岁寒三友”，为植物中高品，也象征着人品之高风亮节，成为文人诗画中常见的题材。

木雕松、竹、梅装饰

砖雕松、竹、梅装饰

这种象征与比拟的手法不仅用在中国古代的诗、词、书、画中，而且也被广泛地应用在建筑装饰里。众多的装饰实例显示出，这种象征手法可以归纳为形象比拟、谐音比拟、色彩比拟与数字比拟等几种不同的方式。

1) 形象比拟

在建筑装饰中，常见的形象从动物、植物、人物到自然山水和各类器物都有，其中多数带有特定的象征意义。

动物形象：建筑装饰中以动物为主题的相当多，其中常见的有：

(1) 龙、虎、凤、龟四神兽。龙是中华民族的图腾，它的形象在历史上出现很早，内蒙古自治区三星他拉地区出现的玉龙是距今五千年以前

四神兽瓦当

梁枋上龙纹

砖雕龙纹

的遗物。在建筑装饰上，早在战国时期的瓦当上即有龙纹装饰。汉高祖刘邦取得政权后，自认为出身低微，设法论证自己是龙的后代自称为龙子。自汉之后，历代帝王皆以真龙天子自居，从此龙成为封建皇帝的象征。皇帝所穿的服装上，所用的家具、器物都用龙纹装饰，于是在宫殿建筑的梁架、门窗、台基等各部位也都出现了龙的形象。明、清两代朝廷甚至还规定了除皇家建筑外，其余建筑皆不得以龙纹作装饰。但是在汉高祖自命为龙之子以前，龙早就是中华民族的图腾象征了，所以每逢年节，民间照样舞龙灯、赛龙舟，在各地民间的寺庙、宗祠等公共建筑上都能见到龙的装饰，龙既象征着帝王，而在广大百姓心目中，龙更代表着神圣、吉祥与欢乐。

虎为山林中猛兽，中国自古以来就有虎的踪迹，人们对它的认识也较早，在秦、汉时期的瓦当、墓室的砖、石雕刻上都能见到虎的各种形态。虎生性凶猛，所以人们以虎作为力量的象征。古时用玉石做的虎形“虎符”交给出征的将军，象征着帝王授予的兵权；称英勇善战的将士为虎将；在民间，为求小孩长得壮实，称男女娃为“虎娃”、“虎妞”，让出生小娃娃头戴虎头帽，脚穿虎头鞋，头枕虎头枕，身穿织有老虎的背心；大量用竹、木、布、陶制作的虎形玩具流行于民间，在中华大地上组成一种特有的虎文化。

凤即凤凰，是一种传说中的鸟类，被称为是诸鸟中之长者，作为一种瑞鸟，带有吉祥之意，在

汉墓石雕虎纹

民间虎头枕

民间虎头鞋

北京紫禁城宫室门上凤纹（1）（2）

重庆会馆门上凤纹（3）

北京紫禁城铜龟

影壁上龟背纹图

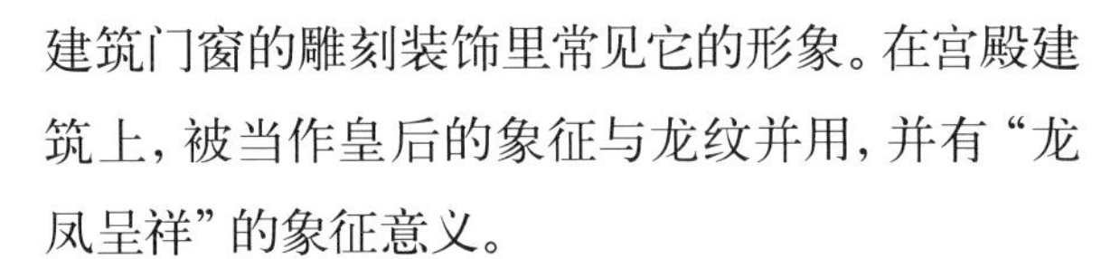

建筑门窗的雕刻装饰里常见它的形象。在宫殿建筑上，被当作皇后的象征与龙纹并用，并有“龙凤呈祥”的象征意义。

龟是一种水生动物，背有硬甲，当遇外敌侵犯时，头与四肢皆能缩至甲内以自卫。龟寿命长，耐饥渴，能够出水在陆上活动。正因为这些特征而被用于装饰中。北京紫禁城太和殿前放有两只铜龟作装饰，象征着国家的长治久安。龟甲上的六边形纹样常被用作装饰部位的底纹，称龟甲纹，同样具有长寿、平安的象征意义。

龙、虎、凤、龟具有神圣、威武、长寿、吉祥等多方面的象征意义，也许正因为如此，它们才被放在一起称为四神兽，在诸种动物中具有最高的地位。远在秦、汉时期就有刻着四神兽的瓦当，可能为当时重要的皇家宫殿上的专用瓦当。

(2) 狮子。狮子原产于非洲和印度一带，相传在东汉时期，安息国王万里迢迢运来狮子赠送给汉章帝，起初还被当作异兽、怪兽而被关在笼子

住宅门前石狮图

石座上狮子

里，后经驯化而在中国大地上传宗接代，成为人们常见的兽类之一。狮子性凶猛，俗称兽中之王，所以常被用于建筑装饰作为武威之象征。人们最常见的是石雕狮子被置放于建筑大门外的左右以起到护卫建筑的作用。除此之外，在建筑的牛腿上、梁枋间、牌坊立柱下都能见到狮子的形象，尤其在石桥栏杆的柱头上更能见到狮子的群像。

(3) 鹿、鹤、鸳鸯等。鹿为山林中兽，四肢修长，雄者称牡鹿，头上长有树枝状角，初生之角称鹿茸，是一种对人身体有大补的名贵药材。鹿性温驯，对人体又有大用，所以带角的牡鹿成了建筑上的装饰题材，在秦、汉时期的瓦当上即有许多鹿纹雕饰。在宫殿建筑中，也有将铜鹿作为独立装饰品陈列在宫室前供人观赏。

鹤为鸟类，鹤身多浅白色，腿高嘴尖，脖子细长，如头顶上带有红色羽毛则属名贵的丹顶鹤。鹤龄可达数十年，在鸟类中堪称长寿仙鹤，所以“鹤龄”成为祝人长寿的颂祠。在装饰中用仙鹤

狮子牛腿

影壁上的鹿与鹤

石牌坊上的飞鹤

北京紫禁城的铜鹤

不仅取其长寿之象征，而且也爱其外形之美。细腿长颈，亭亭玉立，常出现在建筑的门窗和檐下的牛腿上。紫禁城太和殿前立有两只铜制的仙鹤作装饰摆设，每当朝廷举行大礼，铜鹤身中置放香木，点燃后香烟自鹤嘴中喷出，迷漫于大殿上下，增添了大朝朝礼的神圣气氛。

鸳鸯亦为鸟类，雄为鸳，雌为鸯，它们的身材小于鸭，羽色雄者较丽，雌者多呈茶褐色，所以其体形并无特色，但鸳鸯雌雄成双成对从不分离，所以自古以来，常以鸳鸯比喻夫妻恩爱之情，而且这种比喻扩大至凡成双成对之物皆称为鸳鸯。夫妻新婚用被称鸳鸯被；梅花树上一蒂结双梅称鸳鸯梅；房屋顶上成双的瓦亦称鸳鸯瓦。紫禁城后宫部分的帝后寝宫前立有琉璃影壁，在影壁中心装饰有鸳鸯与莲荷组成的图像，绿色荷叶，黄色荷花，碧水中游弋着一对白色鸳鸯，前后相互呼应，形影不离，此种寓意当然与寝宫相符。

除此以外，在建筑木雕、砖雕装饰中还见到喜鹊和雁等鸟类，它们形体皆小巧玲珑，鸣声悦耳，讨人喜爱，使人联想起春天的喜悦。

植物形象：在建筑装饰中，植物形象比动物多，因为人类与植物接触广泛，认识植物比较方便，因而植物装饰的题材显得十分丰富，松、柏、桃、李、柳、竹、梅、菊、兰、荷等树木花卉不计其数。

(1) 莲。又称荷，其花为荷花，其果实为莲子，其根为藕。中国明代药学家李时珍在《本草纲目》中对莲作过全面的介绍：“莲，产于淤泥，而不为泥染；居于水中而不为水没。根、茎、花、

北京紫禁城影壁上的鸳鸯

木格扇上的莲荷

木雕莲荷

砖雕竹纹

木雕竹纹

实几品难同，清净济用，群美兼得。”“米藕生卑污而洁白自若，质柔而穿坚，居下而有节……四时可食，令人心欢，可谓灵根矣。”在这里李时珍不但对莲荷的自然生态作了描述，而且还讲出了莲荷在生态中所包含的精神价值。莲生于淤泥而不为所染，藕生卑污而洁白自若，质柔而穿坚，居下而有节，这其中蕴涵着深刻的人生哲理。具有多方面的象征意义，所以莲荷早就成为装饰中的常见主题。在春秋时期的立鹤方壶上，在壶的颈部有两层荷瓣装饰，在建筑的门券石，柱础石和木门窗上都能见到莲荷的形象。

佛教创始人释迦牟尼的家乡盛产莲荷，开有红、黄、青、白诸色荷花。由于莲的生态特征产于淤泥而不为泥染，居于水中而不为水没，正与人生于凡世不为世俗欲念所动，洁身自好以求得灵魂净化的佛教教义相符合；莲荷的辗转生长过程又与佛教的今世所积来生报应的人生观相谋合，所以佛徒看中莲荷并选取白色荷花的莲作为佛教的比喻，把佛国净土称为“莲荷藏世界”，佛经称“莲经”，佛之座称“莲台”，袈裟装称“莲花衣”，给予莲花以神圣意义。因此在佛教塑像器物上都充满了莲荷的装饰，在佛寺殿堂的基座、佛塔的塔身、塔刹上都见到这类莲荷的雕刻装饰，它们成了佛教艺术的一种标志。

(2) 松、竹、梅。前面已经介绍过这植物中岁寒三友的象征意义，使它们成为古代文学与绘画中常见题材，尤其是竹自古以来受到文人之偏爱。唐代诗人白居易在他洛阳城的住宅中布置了一处园林，他自己描绘道：“十亩之宅，五亩之园，有水一池，有竹千竿。”在不大的空间里就种植了上千竿的竹林。白居易曾对他的挚友无帧说：“曾将秋竹竿，比君孤且直”。宋代文学家苏轼更喜竹如命，他曾言：“可使食无肉，不可居无竹，无肉令人瘦，无竹令人俗，人瘦尚可肥，俗士不可医”。竹子不但姿态美，而且具有人生哲理的象征性，所以历史上出现专擅画竹的画家。在建筑的木门窗、石栏杆上常见到竹子的形象。在南方园林里，几乎无园不种竹。

(3) 桃。常见的树种。每当严冬过去，桃花首先开放，它与同时发芽的柳树一起组成一幅“桃红柳绿”春回大地的景象。桃树果实其色绿中透红，其味脆甜可口，深得人们喜爱，古代有神话说国之东北有桃树，高五十丈，叶长八尺，其果直径有三尺二寸之大，食之可长寿，于是古时祝人长寿多以米、面做成桃形食物。以示祝贺，名之谓“寿桃”，桃果既有长寿象征，它的形象也成为装饰中常见主题。

园林中竹

(4) 牡丹。花名。花朵密而成片，花瓣丰硕，色彩绚丽，品种繁多，故有花王之称。唐代盛产于长安，宋代以后以洛阳牡丹甲天下。牡丹因其形其色象征着富贵与吉祥，所以装饰中常见它的形象，在植物纹饰中占有重要地位。

器物形象：在建筑装饰中常见到古瓶、古鼎、古尊以及盆景之类的器物，文人士族多喜爱此类古物，称博古器物，以表示博通古学之意。凡陈列此类器物的多格柜架称博古架，常放置在厅堂或主人书房中。在建筑屋檐下的牛腿、格扇门的绦环板上常见到这些博古器物以象征主人博古通今的学问。

年画中寿桃

门上木雕寿桃

木雕博古架

格扇上牡丹纹（1）（2）

砖雕博古架（1）（2）

双狮石雕

砖雕鱼纹

2) 谐音比拟

这是指借助于主题名称的同音字来表现一定的思想内容，例如莲与“连”、“年”，荷与“和”，狮与“事”等等，这是随中国语言文字而产生的一种特有现象。

狮子以其凶猛的性格在装饰中已经得到充分的应用，同时它又以狮与事的谐音组成不少带有吉祥意义的题材。装饰画面中双狮并存表示“事事如意”；狮子配以长绶带则表示“好事不断”。

鱼在五千年以前就作为一种装饰在陶器上出现，鱼因为有多方面的象征意义而成为装饰中常见的形象。鱼产仔多，繁殖力强，象征着人类的多子多孙，家族连绵。古代神话中的“鲤鱼跳龙门”，说鱼为凡物，龙为神物，二者之间隔着一座龙门，鱼经过长期修炼即能跳过龙门而成为神物。寓意凡人只要经过努力即可升入朝门则功成名就，福禄俱得。鱼还与“余”谐音，它与莲组合有“年年有余”的象征意义。

砖雕鱼纹

鲤鱼跳龙门砖雕

窗上的蝙蝠（1）（2）

蝙蝠木雕

插三戟的瓶

最具谐音比拟效果的当数动物中的蝙蝠。此种动物尖头身带双翼，其色灰暗如老鼠，白天怕见光亮，躲在暗处只在黑夜出来活动。这种其形其色都不具装饰效果的动物为什么频频出现在建筑装饰里，原因就是它的名称好，蝙蝠与“遍福”谐音，遍地是福是百姓最大理想，所以它的形象常见于门窗、大门头等各个部位，经过工匠之手蝙蝠已经被美化了，有的被塑造得像一只蝴蝶了。

在应用谐音比拟的装饰中往往需要借助两种形象的谐音方能组成有象征意义的画面，

插花瓶

莲荷与仙鹤（1）（2）

例如花瓶中插四季花，寓意四季平（瓶）安；在瓶中插三把古代的兵器戟，寓意平（瓶）升三级（戟），官运亨通。荷花与仙鹤组合在一起，不仅含有二者本身具有的形象上纯洁、清新与长寿的象征意义而且借助谐音还表达出“和合（荷、鹤）美好”之意。

3）数字比拟

在中国古代的阴阳五行学说中，数字也被赋予了阴阳的意义，单数为阳，双数为阴。在前面介绍皇家建筑大门时已经说明，凡宫殿大门上都用了阳性的单数中最高的九字为门钉数，于是凡具有81枚门钉的大门成了皇家建筑大门的标志，从而使普通的数字有了人文内涵的象征意义。

北京天坛为明、清两代帝王祭天的场所。祭天为封建王朝的大祭，而且成为皇帝的专权，官吏、平民皆不得祭天，所以在北京城郊的天、地、日、月四坛中，以天坛规模最大，建筑最讲究。在这里，工匠应用了数字的象征意义表现出这座帝王祭天场所的崇高地位。天坛建筑群中最南端的圜丘为帝王举行祭天礼仪的场所，平面圆形，由三层露天祭坛组成，每层台阶皆设九步；最上一层的地面中心为一圆形石面，四周第一圈围有九块梯形石面，第二圈围2×9=18块石面，如此向外围逐层按九数递加，直至第九围的9×9=81块地面。圆形祭台四周围有栏杆，在东、南、西、北各设有上下台阶，所以栏杆被匀分为四个部分，每部分各为九块栏板。应用如此众多的九，目的就是表现帝王祭天的无比崇高性。地坛位于北京城

北京天坛圜丘坛面

北京紫禁城太和门前五石桥

的北郊，天属阳，地属阴，数字中双数为阴，所以方形地坛祭台四面的上下台阶各为八步。

在数字中除九之外，还有五也是重要的数字，这是因为在礼制中规定以大为贵、以中为贵和以多为贵，举行朝廷大礼的太和殿在紫禁城的殿堂中，它的面积最大，位置也位于中心。阳性数字一、三、五、七、九中九数最大，五居中，所以帝王有“九五之尊”之说。在紫禁城中，除了有宫前九龙壁，皇帝御道上的九条雕龙，宫门上的81枚门钉等等表现九数的装饰以外，还有在太和门前金水河上驾设五座石桥等等表现五数的现象，这些都是应用数字比拟的例子。

4) 色彩比拟

建筑的色彩是一种装饰，而且是装饰效果很显著的一种。人们走进北京紫禁城，在碧蓝的天空下大片黄色琉璃瓦顶闪闪发亮；屋檐下青绿彩画的梁枋下面是大红的门窗、立柱和墙壁；殿堂下方有洁白的石台基坐落在灰黑的砖铺地面上，这黄与蓝、青绿与红、白与黑几组对比色彩组合在一起形成宫殿建筑所需要的浓烈、光辉的效果。在诸种色彩中，殿堂屋顶的黄瓦和殿身的大红门窗、柱与墙最为明显，可以说组成了宫殿的主色调。为什么用大片的红色，在前面讲述宫殿红色宫门中已经说明。为什么用大片的黄瓦？中国古代将色彩分为红、蓝、黄、白、黑五种原色，并且将它们与自然界的五个方位相对应，即东为青（蓝）、西为白、南为红、北为黑，中央为黄色，土地亦为黄色，在中国长期农耕社会里，一向注重黄土地，尊重黄土地，所以黄色成为最重要的、最美丽的颜色，是中和之色。在北京帝王祭拜社稷的坛面上，四面分列铺着红、蓝、黑、白四色的土，中央铺着黄土，象征着四方地域皆为皇土。所以紫禁城里大片宫殿皆铺设黄色琉璃瓦，除了色彩本身所引起的视觉刺激以外，还有其象征意义。

北京紫禁城宫殿黄瓦、红墙

人们观察自然，认识到天是蓝的，地是黄的，植物是绿的，形成了蓝天、黄土地和青山绿水的概念。在北京天坛建筑上，中轴线上的皇穹宇、祈年殿两座大殿的圆形屋顶上皆覆以蓝色琉璃瓦，它与白色台基与四周大片的绿色柏树组成一个十分神圣、肃穆的环境。紫禁城的御花园和西郊颐和园都是皇家园林，其中的殿堂既是宫殿建筑但又处于园林环境之中，所以屋顶上用了黄琉璃瓦为心，周边用绿琉璃瓦相围，黄色表示宫殿，绿色表示园林，使这些殿堂在严肃中带有几分活泼。

北京天坛皇穹宇

在古代宫殿、寺庙、园林、住宅等各类建筑上，在众多的装饰中，可以见到多种多样带有象征性的形象，它们有时几种象征性并存，既有形象象征，又有色彩象征，但有的象征性明显，有的比较隐晦，形象象征与色彩象征比较具有视觉的直观性，而数字象征、谐音象征比较不明显，尤其数字象征需要经过解读才能明白这些数字所表达的内容。

2.装饰形象的程式化与变异

建筑装饰附属于建筑，成为建筑整体的一个部分，很少独立存在，它的外形也受制于某一

北京颐和园建筑黄绿琉璃瓦

瓦当上鹿纹

古代虎形石柱础

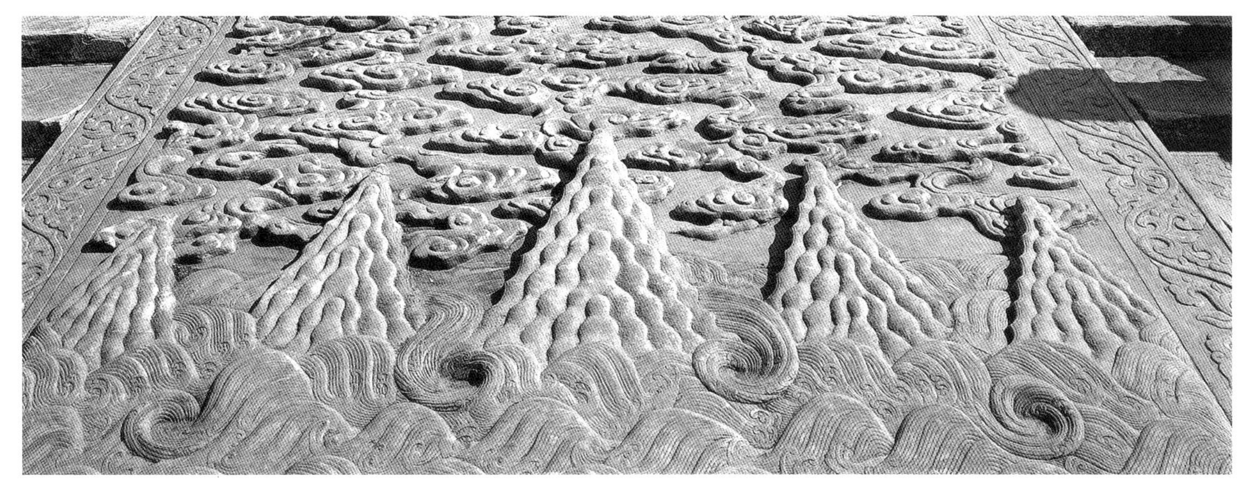
石雕山、水、云纹

程式化的牡丹、莲荷纹图

构件的形式与大小，它们常常被成片和成线地使用。一种雕花的瓦当、滴水会被用在一幢甚至几幢建筑的屋顶上；一种形式的花格和花饰会被用在并列的整排格扇上；同样的纹饰会画在多座山墙墙头上。为了便于制作和保证制作的质量，需要将这些装饰主题的形象予以简化与程式化。这种现象出现得很早，我们在秦、汉时期的瓦当上就能见到这种程式化的例子。瓦当上鹿纹，无论是梅花鹿还是子母鹿，它们的形象都简化成为只有二度空间的侧影，但由于工匠抓住了鹿的神态，使造型仍是那么逼真而生动。汉代墓室的砖、石上见到各种老虎的形象十分写实，但在同时的其他柱础上的老虎造型却十分有力度。

自然界的山水、植物是装饰中常用的主题，在长期创作实践中，它们的形态也被简化了。三角形的尖山和波浪形的水纹成为山、水的一种定型，近似一种符号；植物中常见的牡丹与荷花在工匠手中也逐渐形成了它们的程式化形象。这些形象既便于制作又保留了原物的神态。

与文人士族生活相伴的琴、棋、书、画是住宅装饰上常见主题，它们的形象也被规格化了，一座竖琴、一个棋盘与几个棋子、一函书和一卷画成为它们固定的式样。民间神话中的道教八仙，他们云游四方，有的为民除害，有的治病救人，有的传教布道，其人其事深受百姓喜爱，因而也成为装饰中常用主题。但是八仙的形象很复

砖雕琴、棋、书、画

暗八仙图

杂，用雕刻、绘画表现在建筑装饰上都很费事，于是工匠舍弃了人物形象的塑造而改用八位仙人常带的器物，即张果老的道情筒、钟离权的掌扇、曹国舅的尺板、蓝采和的笛子、李铁拐的葫芦、韩湘子的花篮、何仙姑的莲花和吕洞宾的宝剑来代表他们，称为暗八仙，而且这八件不同器物的式样在装饰中也被程式化了。

装饰题材形象的程式化的确为具有相同装饰的成批量建筑构件的制作带来方便，在汉代墓室大型砖上成片的动、植物装饰就是用这些经过简化了的动、植物模具在砖坯上压印出来的；在成排的瓦当、滴水上那些相同的龙纹、植物纹装饰也是用刻有装饰题材的模具在瓦泥坯上压制出来的。

但是这种被简化和程式化的各种装饰形象在造型上难免显得单调、呆板而缺乏原创的生动性，为了克服这种缺陷，工匠在实践中创造了对这些形体进行变异的处理，从而使装饰形象变得丰富而多样。狮子无论是单体还是作为建筑的一部分都是装饰中常用主题，尤其在石台基和桥梁栏杆柱上的狮子更是成排地罗列，远看这些狮子都是一种模样地蹲坐在柱子上，但是工匠在制作中却对这些狮子作了不同的变异处理。辽宁绵州广济寺大殿前有三层台基，周边石栏杆的柱头上都雕刻着狮子，它们都以同一姿态蹲坐在柱子上，脸都朝向前方，但细看一下会发现这些狮子

广济寺石栏杆狮子柱头

辽宁锦州广济寺石栏杆

北京颐和园十七孔桥石栏杆

北京颐和园十七孔桥石栏杆狮子柱头（1）（2）

有的紧闭双唇，有的微微张嘴仅露出舌尖，有的张嘴舌头向外伸出，这种看来不显眼的处理却使这成排的狮子显出了生气。北京颐和园有一座很长的十七孔石桥，两边皆有石栏杆，共计有112根望柱，每根柱头上都雕有一只石狮子，远观这些狮子姿态一致，造型相似，但近观却各不相同，有站立的、蹲坐的、趴卧的；有的足下按绣球，有的在脚下、胸前、肩背上抚着幼狮，有的小狮子还躲藏在大狮子的腋下，使人不易觉察，真是各具神态。北京丰台区宛平镇有一座卢沟桥，那是一座建造于明代的古老石桥，桥两侧的栏杆望柱上也是这样排列着众多狮子，狮子的足、胸、肩各处也多有些幼小狮子。民间有传说：卢沟桥上的狮子数不清，如果数清了，石狮子就全跑了。这当然只是近似神话传说，但也反映了百姓对古代石匠技艺的赞叹。狮子造型上的变异当然也表现在独立的狮子身上。试观古代石狮子的形态，唐代等早期的作品不拘泥于狮子的原生形

唐代顺陵石狮

各地石狮群像

（1）石狮蹲坐于须弥座上，狮头几占狮身的二分之一长，头上长满卷鬃，两眼平视，狮嘴微张，雄狮足接绣球，狮爪尖利，紧扣台座，可以说是石狮的标准形像。

（2）云南大理古城门前石狮。同样为雄狮，但狮头、狮面却明显带有地方风格。

（3）一头雄狮，狮头略斜，狮嘴张开，头上平铺卷鬃，脖上套着响铃，狮腿修长，整体造型具有地方特征。

（4）硕大狮头，张开血盆大嘴，细短的前肢抚护着一头幼狮，对狮子做了变形处理。

（5）石狮歪头扭身立于须弥座上，两前肢抱着绣球，嘴咬飘带，整体造型有些人体化了。

（6）从狮身到狮头、狮面都近人体化，歪着头，张着嘴，一副无赖相。

狮子柱础（1）（2）（3）

态，多将狮子头部与四肢加以夸大而突出表现狮子凶猛威武的神态；明、清等晚期的作品则不强调狮子的凶猛而着意刻画出民间狮子舞中那种顽皮而活泼的特征。试观这时期散布在各地寺庙、祠堂、园林大门前的石狮子，它们有的变得四肢修长，抱着幼狮，捧着绣球，有的歪头斜脑，一副顽皮，甚至无赖之像，它们完全失去了野生狮子的凶猛特征。在建筑各构件上的狮子也根据不同的位置在体态上作了变异的处理。雕刻在撑栱和牛腿上的狮子多头在下，尾在上，狮身倒立狮背朝外支撑着屋檐；牌楼基座上的双狮耍绣球，狮身扭曲作舞蹈状；柱础上的狮子有的卷伏狮身环抱着立柱，有的甚至让柱子穿狮身而过。狮子经过这些变异的处理，完全失去了凶猛、威

牌楼上石狮

天花上的坐龙

武的特性而变成可亲可逗，带给人们以欢乐与吉祥的兽类了。

龙作为一种神兽本无固定的形态，但是龙作为封建帝王的象征被大量用在宫殿建筑装饰里以后，龙的形态开始有了相对的固定式样。在宫殿建筑的和玺彩画中，中央为行进中的“行龙”，两头为向上升起与向下降落的“升龙”与“降龙”；在井字天花与藻井中的龙为盘坐着的“坐龙”与“盘龙”；在九龙御道和九龙壁上的九条龙更是各具神态，龙身扭曲，飞腾于云水之间。所有这些象征着皇帝的龙都是有头有尾，龙身披鳞，龙足分爪造型完整的龙。但是在民间建筑上的龙却多作了异化处理。龙头简化了，龙身、龙足有的变成植物卷草纹，有的变成拐来拐去的回纹

梁枋上的行龙、升龙、降龙

草龙纹。简化的龙头与翻卷的卷草纹结合，草纹如同龙身，形态生动。草龙作镂空透雕，常用在窗上，以利通风与透光。

拐子龙纹。简化的龙头与回纹结合。回纹作为龙身虽不如卷草纹生动，但造型规整，常用在格扇的绦环板上，具有很好的装饰效果。

了，前者称“草龙”，后者称“拐子龙”，它们能大能小，能屈能弯，构图自由，适用于各种形状的构件上。

这种造型上的变异同样也表现在植物形象上。单纯的荷花瓣上加花纹构成“宝装莲花”；由植物枝叶组成的长带状连续花饰可以不按照植物的生态规律，随意安排它们的枝叶、花朵和果实，枝叶上可以直接开花、结果，花朵中也可以生长出枝叶；为了增加这种带状花饰的装饰性，唐代工匠将传统中的云气纹与植物卷草纹相融合从而创造出新的“唐草纹”，使装饰花纹水平达到一个高峰。在民间将这种创作方法称为“花无正果，热闹为先”，意思是只要求得热闹，并没有固定的规矩。

3. 文字装饰与情节内容的表现

文字装饰并非指建筑上的匾额、楹联上的题名与对联，而是以文字本身为内容所组成的装饰。这类装饰性的文字应具有两方面的条件，一为文字所表达的意，二为文字所组成的形，形意

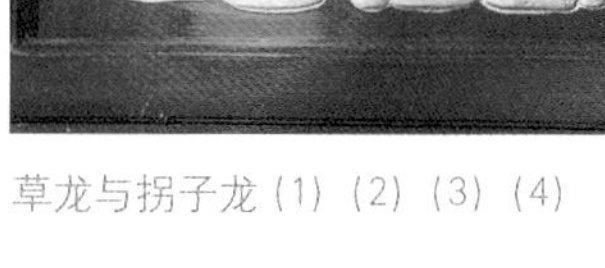

草龙与拐子龙（1）（2）（3）（4）

唐代卷草纹

石柱础上的宝装莲花

一五二　甘泉上林

一四九　甘林

二五七　都司空瓦

二一七　鼎胡延寿宫

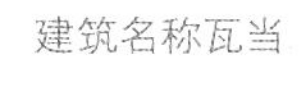

建筑名称瓦当

三九五　千秋

三九三　万岁

四〇〇　延年益寿

四九三　安世万岁

吉语瓦当

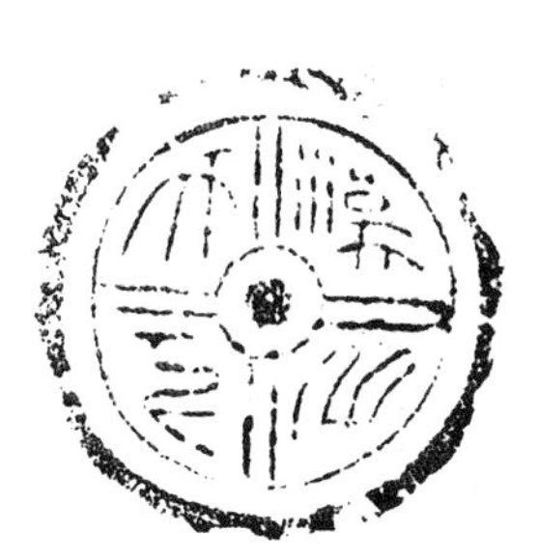

六四七　汉并天下

六五五　单于和亲

瓦当构图

结合而成为装饰。秦、汉时期的瓦当是目前能够见到的最早期的文字装饰。文字瓦当中有专门记载宫殿、官府、陵墓建筑名称的，如在瓦当上刻书“甘林”、“梁宫”、“张氏冢当”、“宗祠堂瓦”等，也有刻书颂扬吉语的，如“千秋”、“富贵”、“永保子孙”、“延年益寿”等。从瓦当上字数看，因为面积小，一字、二字、三字、四字的占多数，五字以上占少量。刻在瓦当上的文字不论多少都经过精心构图，布局匀称，外围多有一层或二层边框，文字之间有的还用几何、如意纹等作装饰。这类瓦当犹如一块块金石篆刻，极富装饰韵味，它们与装饰着动物、植物的瓦当一起组成为一种特殊的瓦当艺术。

万字纹

寿字纹样

在装饰中常见的文字还有卍字与寿字。卍不是文字，是佛教如来佛胸前的符号，表示吉祥、幸福之意，到唐代将卍音之为万，卍即得万字之音，又有吉祥之意，自然成为装饰喜用的字。在装饰中常将卍字上下左右相连，直至四边不作结束，寓意万字不到头，作为大面积的装饰，或作为一处主题装饰的底面。寿字有长寿意，常出现在装饰里，但寿字笔画多，制作麻烦，所以经简化为“ ”形图案，即保留寿字意又兼具形式美，所以常用作装饰。有的用五只蝙蝠围着中央的寿字，寓意“五福捧寿”。有的在住宅进门的影壁上用各种字体雕刻出一百个寿字，称“百寿影壁”；也有将百个寿字分刻在厅堂的一排格扇的绦环板上，组成“百寿格扇”，成为住宅中很醒目的装饰。

在有的很讲究的大型祠堂或住宅厅堂的格

寿字、福字等纹样

五福捧寿木雕

百寿影壁

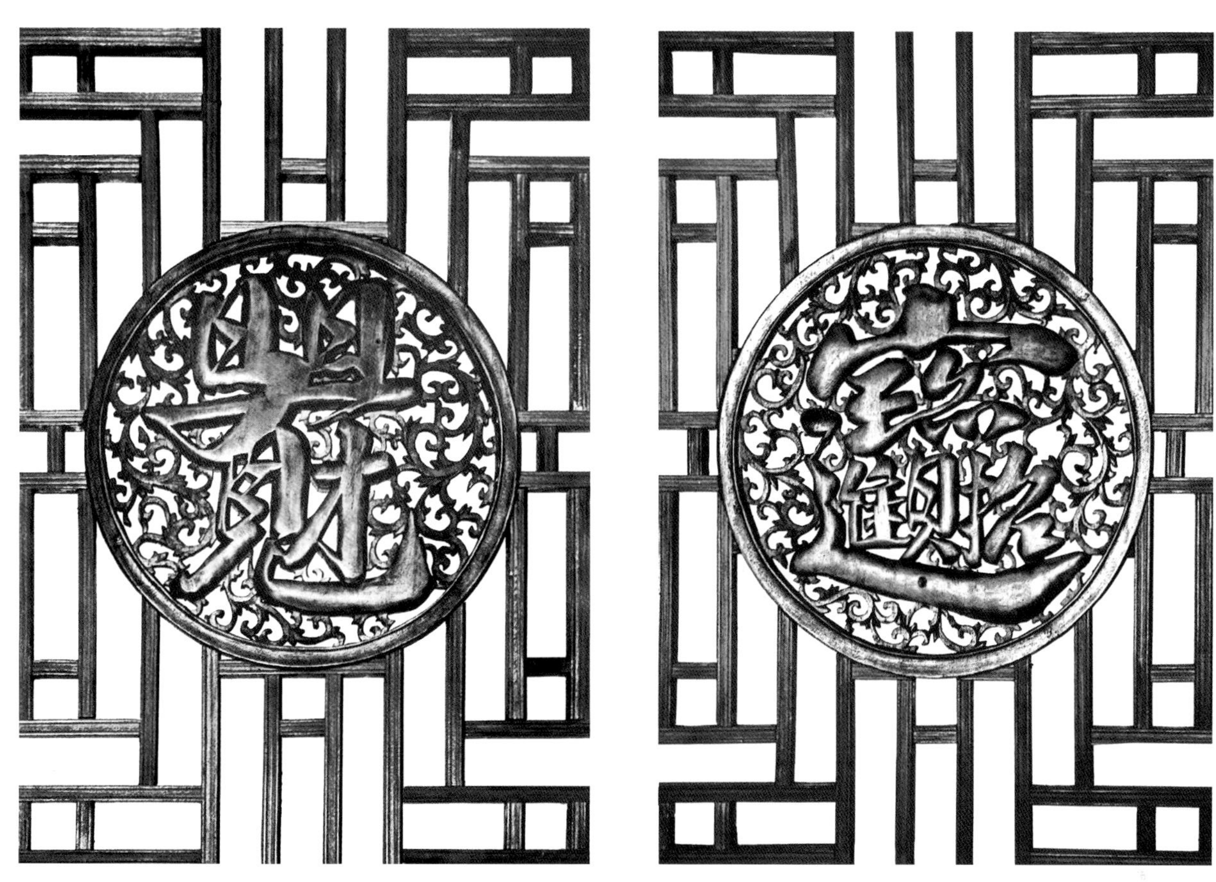

窗上文字装饰（1）（2）

扇上，直接用文字组成窗格，或者将文字雕刻在窗格上。一排装饰华丽的格扇上，又加上“孝”、“悌”、“忠”、“信”四个字，既有形象之美，更宣传了封建社会的伦理道德。

应用富有象征性的个体形象表达出一定的思想内涵这是多数建筑装饰应用的手法，但是这种表达毕竟是有限的，只能表现出求福、长寿、和合美好、富富有余等一些人们笼统的祈求与希望。为了进一步能够表达更广泛、更多样、更深层次的内容，只能依靠由众多主题组合而成的带有情节性的绘画或者雕刻的场景。

在宫殿、寺庙、祠堂、住宅中的主要殿堂、厅堂上，其门窗多采用格扇，这些格扇立在柱间，左右相连，占据房屋正面的绝大部分成为建筑装饰很主要的部位。格扇上格心与裙板之间的绦环板部分，面积虽不大，但很接近人的视线，而且又是一块实心木板，在这里往往制作成有情节内容的装饰画面。在每一块绦环板上都可以雕出人物、房屋、山水植物组成的一幅戏曲场面，多采用流传于民间的著名戏曲故事，其内容

住宅格扇上人物场景装饰（1）（2）

会馆戏台上人物场景装饰（1）（2）

门头砖雕人物场景装饰

离不开宣扬忠、孝、仁、义等传统的伦理道德。一块绦环板一个场景，一连看下去仿佛是在读一组连环故事。

广东广州市有一座陈家祠堂是全广东省陈姓家族的总祠堂，为了表现陈氏家族的地位与财势，祠堂规模大，装饰多而讲究。在祠堂大门的左右两侧墙上分别有一幅大面积的砖雕装饰，宽达4.8米，高2米。东墙砖雕雕的是“刘庆服狼驹”的历史故事，共有四十多位神态各异的人物表现出北宋时期刘庆降伏西夏烈马“狼驹”的场面。西墙一幅雕的是《水浒传》中梁山泊晁盖、吴用、林冲等英雄好汉汇集于聚义厅的场面，众多人

广州陈家祠堂砖雕。这两块镶嵌在墙壁上的大型砖雕都用广东地区生产的上等青砖雕成。在雕法上首先用深雕、透雕将主题内容突显出来，然后在突出的面上用浅浮雕和线刻分别雕出房屋的梁柱，人物的服饰以及众多人物的脸面表情，从而使它们主题突出，表现细腻，成为古代建筑砖雕装饰的精品。

广州陈家祠堂大厅正脊

物与建筑匀布画面，从厅堂、楼阁的建筑到人物的服饰、表情都刻画得十分细致。两幅砖雕均采用圆雕与高、低浮雕相结合，既有主题的戏曲场面，又有四周华美的边框装饰，它们分处大门左右，具有很强的装饰效果，堪称建筑上砖雕装饰的精品。

陈家祠堂的屋顶脊饰也十分华丽，其中中央正厅的正脊长达27米，从脊座至脊顶高4.26米，相当于一层房屋的高度。在这条长脊上用彩色陶塑塑造出“八仙祝寿”、“麻姑献酒”、“加官晋爵”、“麒麟送子”等传统内容的故事情节，共出现224位人物配以亭台楼阁不同建筑的背景，间以各种花果植物，使屋脊成为一条空中的彩带，将祠堂打扮得五彩缤纷，表现出陈氏家族不但财势雄厚，而且还具有深厚的文化内涵。

清代皇家园林颐和园有一条长达728米的游廊，共计273开间，在每一个开间的梁枋上都绘有彩画装饰。园林建筑规定采用苏式彩画，这种彩画的中心部位留有较大面积可供装饰的部分，工匠在这上千幅的彩画中绘制出古代《水浒传》、《三国演义》、《西游记》、《红楼梦》等著名小说中的精彩片断，也绘制了自然山水与植物花卉，可以说没有完全重复的画面，一幅幅彩色图画使长廊成了一条名副其实的画廊。游人漫步廊内，既能观赏廊外的湖光山景，又能欣赏这历史的长卷，陶冶于民族文化的海洋之中。在这种特定的环境里，它比单一主题装饰所表达的内容要丰富得多，所起的效果显得更强烈而且持久。

建筑装饰，不论它所采用的是象征性还是情节性的手法，它都使建筑更加美观，极大地增添了建筑的艺术表现力。

北京颐和园长廊彩画

长廊位于万寿山南麓，沿着昆明湖由东至西共有 273 间，每一开间的四根立柱上都架有横向的梁和纵向的檩与枋，在这些梁枋表面皆绘制有彩画，彩画两端绘有几何形装饰纹样，中心部分绘制各种植物花卉、亭台楼阁和带有情节的戏曲场面，组成一条长达 728 米的画廊。

第一章 千门之美

一、都城宫殿之门

二、住宅之门

三、祠堂之门

建筑的群体性是中国古代建筑的重要特征之一，无论是宫殿、陵墓、寺庙，还是园林、住宅，都是由多座单体建筑组合成群体而存在的，因此一组建筑都会有若干座门，由外界进入某一幢房屋，需要由外至内经过多座大小不等的院门和房门。

俗话说看人先看脸面，包括面孔长得美不美，肤色的白与黑以及气色、表情等等。想要拥有一张漂亮的脸面，需要在自然长相的基础上进行打扮与化妆。而一座建筑，除了整体造型之外大门的设计至关重要，因为走进一幢建筑需首先进门，所以大门也称为门脸、门面。一座宫殿、寺庙的院门能够表现出这组建筑的大小与地位，一组祠堂、住宅的大门能够反映一个家族和宅主人的社会身份和财势。为了表现建筑，也同样需要对大门进行装修与装饰。正因为中国古代建筑一是门多，二是门的位置重要，需要重点打造，所以出现了千姿百态不同门的造型与装饰，让人们欣赏到千门之美。

一、都城宫殿之门

古老的北京经历了元、明、清三代都城的建设，至明代中叶之后形成了外城、内城、皇城与宫城（即紫禁城）的格局，同时也相应地产生了由外至内的若干道城门与宫门。以排列在中轴线上的门为例，由南往北，先后有永定门、正阳门、天安门、端门、午门、太和门、乾清门、神武门等等，它们贯穿外城、内城、皇城与宫城，无论在整体造型和局部装饰上都各具特色。

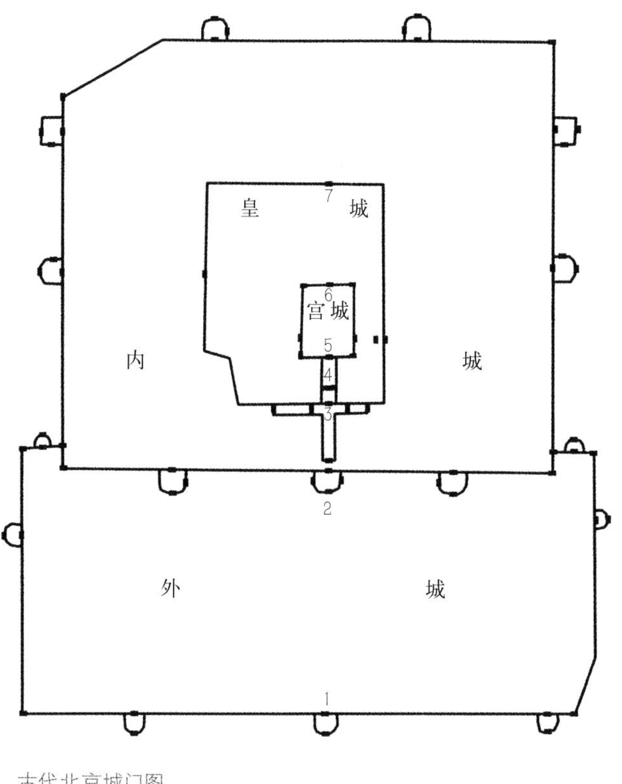

古代北京城门图

（一）永定门　位于北京外城南城墙正中，由于是外城之门，所以原来规模比较小，清乾隆时期改建成现在的形式。城楼的外貌是一座重檐歇山顶的两层殿阁坐落在城墙之上，面宽五开间加周围廊，城楼通高 36 米，虽然其规模不及内城城门，但由于它处于北京中轴线南端，位置重要，所以在外城诸城门中仍属最大者。原城楼被拆，2004 年按原状复建。

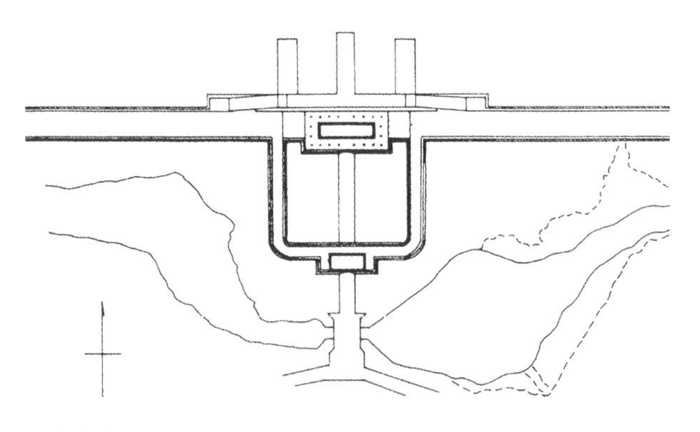

北京永定门平面图

北京永定门

北京永定门

北京正阳门原貌

（二）正阳门 这是北京内城南城墙正中的城门，在明代中叶加建外城之前为都城南向正门，在诸城门中位置最显要。高高的城墙上，坐落着重檐歇山顶双层殿阁，面宽 41 米，七开间加周围廊，自地面至殿阁正脊高达 40.9 米，是北京内、外城城楼中最高者，造型雄伟。城楼前设瓮城，前有高大的箭楼，楼四周上下设有四层共计 94 孔箭窗。瓮城东西两侧各设有一座闸楼，如今瓮城与闸楼已拆，但城楼、箭楼保存完整。

北京正阳门箭楼（1）（2）

（三）**天安门** 这是北京皇城的南大门，其地位比都城外城、内城的城门更显重要。一座重檐歇山顶，面宽九开间的大殿坐落在高高的城墙上，黄色琉璃瓦的顶，檐下青绿色的彩画，殿身部分的门窗、立柱和殿下的城墙皆为大红色，表现出一派皇家建筑的华丽。除城楼本身之外，在楼前横列着一条外金水河，河上架设有五座石桥对应着城楼下的五座城门。在金水河前后还陈列着一对华表和四只石狮子，所以尽管天安门的高度不及正阳门，但凭着城楼的华丽装饰以及城楼

北京天安门

北京天安门前华表

北京天安门近景

北京紫禁城午门

前后的陈设，使它比正阳门以及都城其他的城门都显得有气势。

（四）午门 这是北京宫城即紫禁城的南大门，其地位比天安门更重要。同样是一座大殿坐落在城墙之上，与天安门一样面宽九开间，但它用的是重檐庑殿顶，这种四面坡的重檐顶在诸种屋顶形式中属最高等级。在正面城墙的两侧向前伸出两翼，在这两翼城墙的前后两端各建有一座正方形的阙楼，两座阙楼之间连着十三间廊屋。从整体看，午门是一座有五座殿阁坐落在三面环抱形城墙上的大型城楼，所以又称“五凤楼”，这

北京紫禁城午门背景

是中国古代形式最隆重的一种城门。

午门的主要功能为出入宫城的通道，在城楼下的城墙上开设有五座城门，三座在正面，两座分别在左右两掖，称为掖门。正面中央的门洞最大，是专供皇帝出入的。除皇帝外，皇后完婚时进入宫城时可进此门；各省举人汇集北京进入宫城接受皇帝的御试，考中前三名即状元、榜眼、探花者可由此门出宫城，这是朝廷给他们特殊的礼遇。平时百官上朝时，文武官员进出东门，宗室王公进出西门。左右两掖门平日不开，只有当皇帝在太和殿上大朝，文武官员人数增多时才使用。此外当皇帝在保和殿举行殿试时，各省举人按在京城汇考时的名次排列，依单、双数分别进出东、西掖门。五座城门各有所用，按礼制等级区分清楚，连门洞的高低宽窄都有区别，中央的最大，左右依次递减。

午门除作为宫门的功能之外，它还是皇帝下诏书命令将士出征和战争取得胜利归来后向皇帝献俘的地方。此时在午门城楼的正中特设临时的御座，皇帝登楼端坐其中，文武百官、出征将士齐集于城楼环抱的广场上高呼皇上万岁，这场面的确具有一种威慑力。

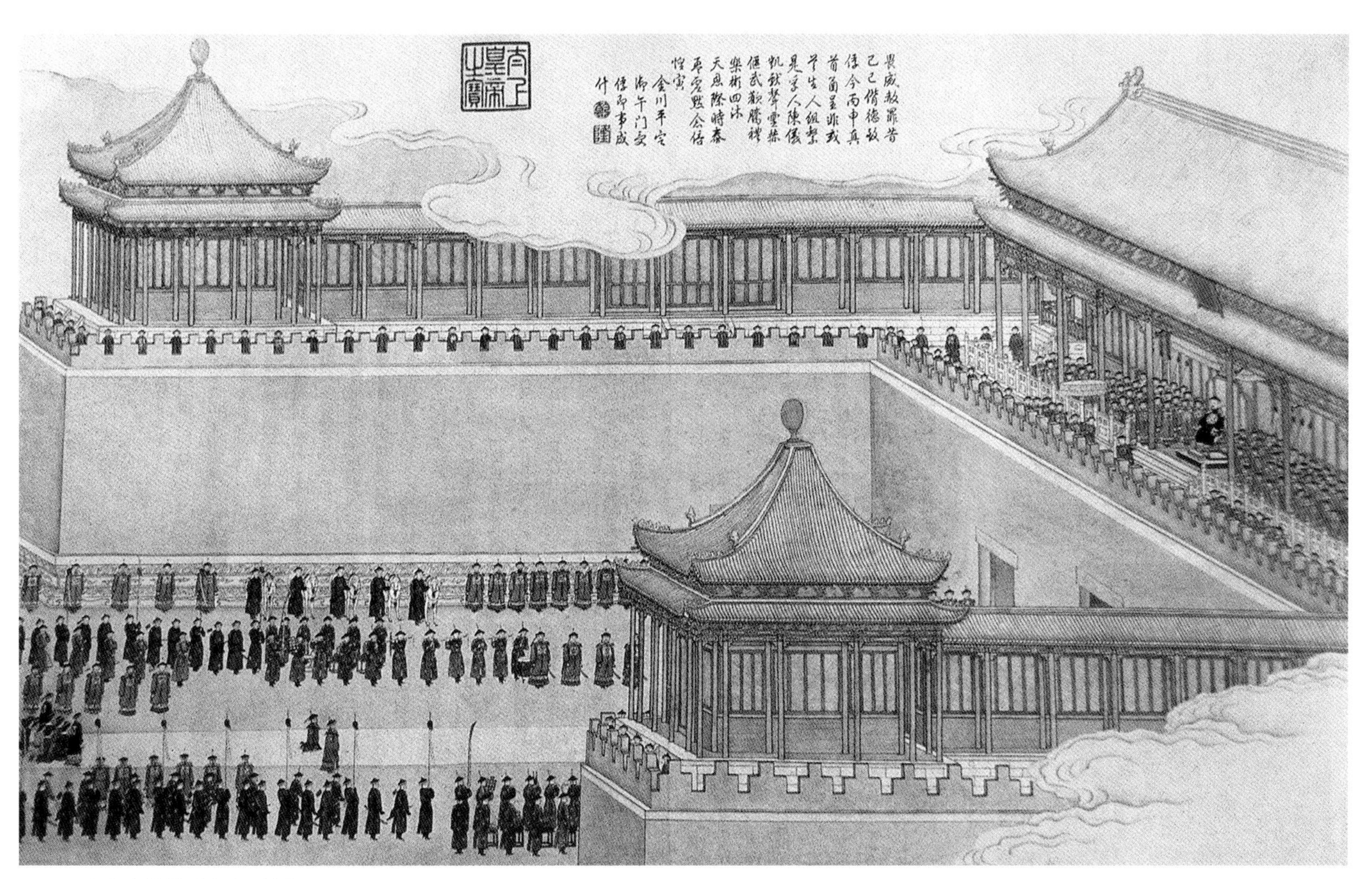

皇帝在紫禁城午门受俘图

（五）太和门 这是宫城内前朝部分的大门，虽然地位不及天安门和午门，但作为宫城中太和、中和、保和三大殿建筑群的前大门也具有重要的地位。大门的形式也是一座大殿，但不是坐落在高城墙而只是一层石造基座上。大殿的屋顶和天安门的屋顶一样，用重檐歇山顶，这是屋顶形式中仅次于重檐庑殿顶居第二位。殿宽九开间，殿下用汉白玉石料造基座，中央设有左右三道台阶，中央为皇帝专用的御道。殿门前左右各有一座铜铸狮子护卫。除中央的大殿外，在两侧还各有一座五开间的宫门，用廊屋与大殿相连。此外在太和门之前横列着一条内金水河，河上架设五座石桥。太和门不属城门而只是一座宫殿建筑群的大门，它下面没有高大的城墙，但由于两侧配有宫门，门前设有铜狮、金水河，连成为门的组群，虽没有天安门、午门那样宏伟，但仍具有皇宫大门的气势。

紫禁城太和门前铜狮

紫禁城太和门

（六）乾清门　这是宫城后宫部分的大门。宫城总体布局可分为前朝与后宫两部分，前朝为帝王上朝理政之处，后宫为帝王生活场所。前朝建筑雄伟，空间宏大；后宫建筑密集，空间紧凑。所以乾清门作为后宫部分的大门，按礼制理应比太和门要低一档次。也是一座大殿，一层基座，但屋顶用单檐歇山式，面宽减为五开间，门前两座铜狮子也比太和门前的小。而它毕竟也是一组后宫庞大建筑群体的大门，也需要一定的气势，所以在大门两侧特别加了一座影壁呈八字形分列左右。影壁原是处在建筑群大门内、外的一道短墙，起到遮挡视线的作用，但影壁有很强的装饰性，所以也被用在大门两侧。红墙上装饰有、黄、绿色花卉的影壁连着乾清门，使这座体量不大的后宫门也显得华丽。

紫禁城乾清门影壁

紫禁城乾清门

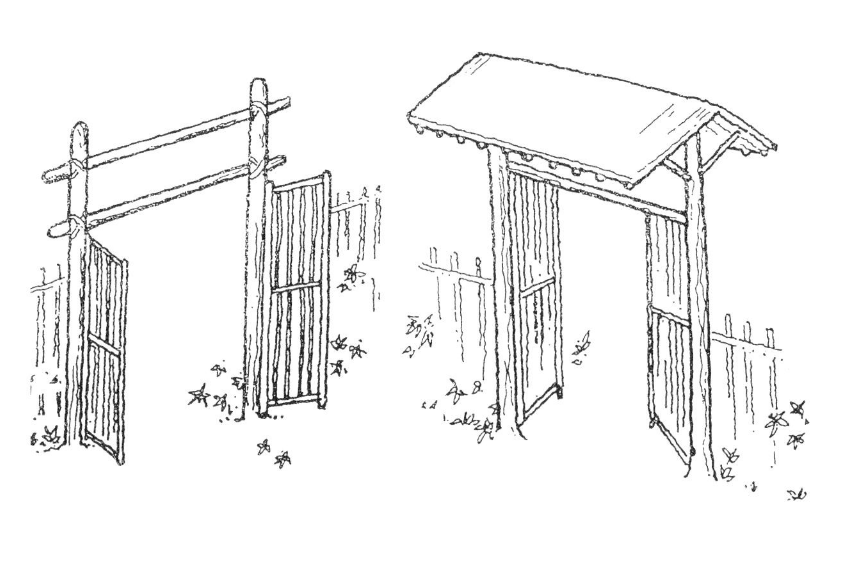
古代院门图

住宅门头

我们只对北京中轴线上的几座主要城门和宫门作了介绍，从总体造型上看，凡坐落在城墙上的门称城楼式门，坐落在台基上的宫殿门称殿式门。综观这几座城楼门和殿式门，可以看到它们是按所处的地位和重要性而决定其大小和等级的。这种等级的区别不仅表现在总的体量大小上，也表现在开间的多少、屋顶所用式样以及装饰的讲究程度上。中国封建社会礼制的核心就是等级制，这种等级制在宫殿建筑上表现得特别明显，从这几座门的形制上，甚至从城门门洞的使用上都能够清楚地看到这种情况。

二、住宅之门

早在两千年前的汉代墓室砖上就看到当时四合院住宅的形式，这种合院式的住宅一直沿用至今，成为中国大部分地区住宅的主要形式。住宅既成院落，它必有一座供出入的院门。最初的院门形式很简单，从古代绘画上可以见到它们的式样：在院墙上开个口，两边各立一根柱子，上边用横木相连组成门框，在门框左右各安一扇门扇就成为一座院门。为了保护木料的院门免遭日晒和雨淋，于是在门框上部加建一个两面坡便于排泄雨水的屋顶，因为屋顶处于院门的顶头上，所以称“门头”。如果住宅门开设在比较高的院墙上，这种门头就成为从墙面上伸出的一面坡的屋顶了，它用两根撑木自墙面支撑出屋顶的出檐，屋顶上铺着陶瓦，这就是我们今天所见到的大部分院门门头的形式。

（一）木门头 即木结构制作的门头。用柱子架设梁枋，不过这里的柱子多数不立于地面，而是只有上部的一段固定在墙体上。用撑木自柱身斜出，支撑挑出的屋檐而构成一面坡的屋顶，屋面上铺着瓦，还有屋脊贴着墙面。这种一面坡的门头起着遮日晒、防雨淋的作用，由于它处在大门上方很显要的位置，所以也成为装饰大门很好的场所。

木门头的装饰集中在木结构上，支撑出檐的撑木加工成各种曲线形，继而发展为有雕花的撑木，直至有各种木雕的牛腿。横梁上也出现了木雕，垂在半空中的柱头被雕成几何形、花朵形。这种装饰越来越多，浙江江山廿八都镇上有一批明、清时期的讲究住宅，它们的宅门头上几乎都有一座经过精心装饰的门头。门头扩大为三开间，垂在半空的柱子有的固定在墙体上，有的被伸出的枋子挑在空中，在所有梁枋、垂柱、牛腿上都有木雕装饰。门头上的屋顶，屋檐做成两头翘起的曲线，连上面的屋脊也变成曲线的了。而且在三个开间上各有一屋顶，中间宽而高，两侧窄而居下。木构门头下方，在门洞上方的墙面上嵌着字牌，上面书刻有诸如“南极生辉”、“瑞气临门”之类的吉语。

浙江诸葛村住宅木门头图

浙江诸葛村住宅木门头

浙江江山廿八都镇住宅木门头

①

②

廿八都镇住宅木门头图（1）（2）

云南大理白族住宅大门

云南大理白族四合院住宅的大门向人们展示了另一种门头装饰，大门两边立着砖柱，门洞上方有多层梁枋相叠，梁枋上放置密集的斗栱支撑着屋顶。在所有的梁枋和细小的斗栱上都满布雕刻，其中有各种花卉、植物枝叶，还有葡萄等果实，这些装饰敷以各种色彩将门头打扮得像一顶美丽的王冠罩在大门上。大理这种住宅是当地惯用的“三坊一照壁”四合院，即由三面房屋，一面照壁（即影壁）围合成院，所有房屋和照壁都是白粉墙，只有墙边的一些装饰和这座美丽的门头将住宅打扮得既华丽又明亮，它们前临洱海背靠苍山，在山与水的衬托下，成为白族地区一道亮丽的风景。

我们将视线转向山西，当明、清时期商业经济在中国兴起之后，山西出了一批晋商，他们在各地经商积累了财富。返回家乡置田地、建住房

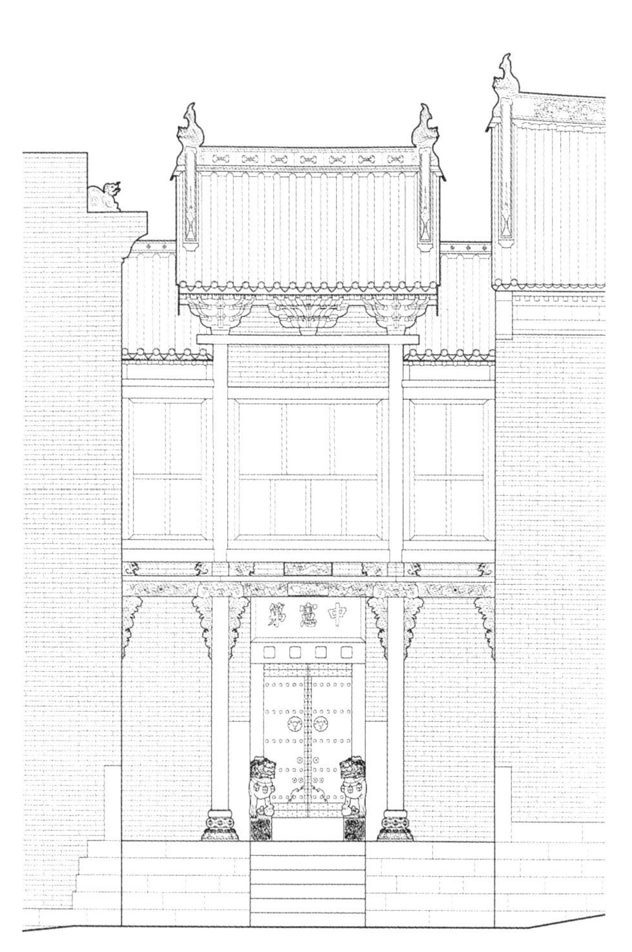

山西沁水县西文兴村中宪第大门图

山西沁水县西文兴村司马第住宅侧门图

为后人留下一批讲究的住宅，使我们看到一批精美的宅门。这些宅门的特点是直接在门的两边自地面竖立两根木柱，柱间架设横梁，梁上置斗栱承托上面的屋顶，屋顶上有雕花的正脊与正吻，梁枋上满布木雕，可以说在门洞前用完整的木构架筑造了一副门架。它不是门上的门头，而是从上到下的门架，称它为“门脸”装饰，它比门头更完整，更富有装饰性。山西沁水县西文兴村有两座清代住宅司马第与中宪第，都是当时晋商修造的讲究宅院，司马第的大门立柱自地面直通二层房屋之高，柱间有多层梁枋，梁上用上下两层斗栱支撑屋顶，而屋顶却与房屋的屋顶融为一体，只是用不同的瓦面以示区别。中宪第的大门更与房屋一样做成两层。穿越两层的柱子把屋顶举得比二层房屋顶还高，使大门十分突出。这两处住宅的侧门也有很完整的门脸装饰，两旁立柱间架

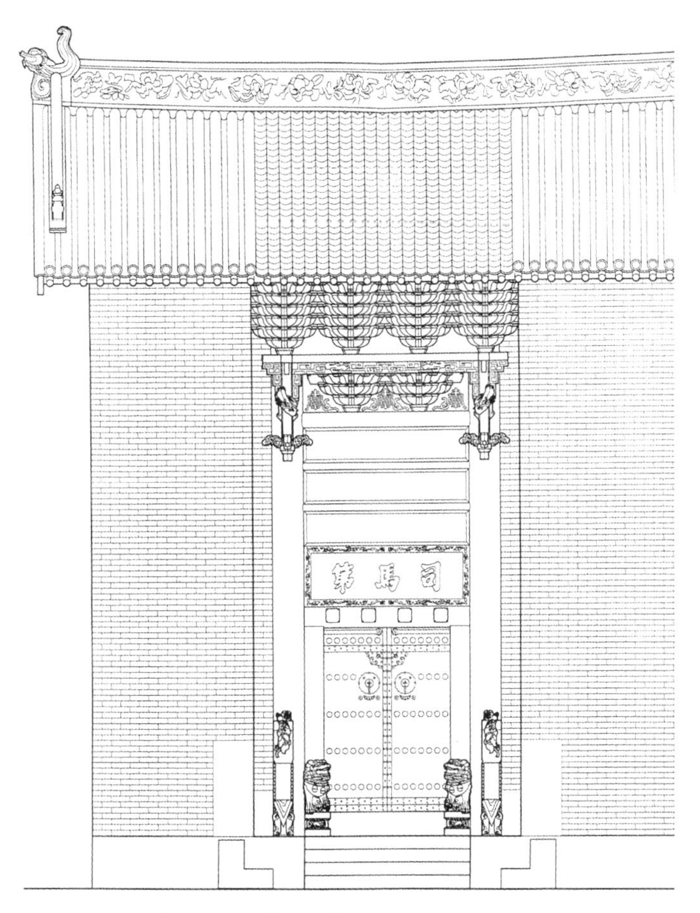

山西沁水县西文兴村司马第大门图

山西沁水县中宪第住宅侧门图

山西沁水县西文兴村司马第大门

多层梁枋。其间设字牌。梁柱间有满布装饰的挂落，上面雕有龙纹和琴、棋、书、画等具有象征意义的纹样。

（二）砖门头 木门头由于屋顶出檐不大，位置又高，所以它遮日晒防雨淋的功能逐渐变小而突显了它的装饰作用。木结构的门头、门脸长期暴露在外，受风吹日晒容易受到损坏，所以为了长久地保持门头、门脸的装饰性，逐渐出现了用砖制作的门头。

和山西的晋商一样，南方安徽古徽州地区也出现一批经商致富的徽商，他们也为后人留下一

山西沁水县西文兴村住宅大门图

安徽古徽州地区的砖门头，既有木构门头形态，又具砖构特征。门头上砖雕布置有序，梁枋间皆有空白墙面，使门头具有端庄而清新的风格。

安徽黟县关麓村住宅砖门头（1）（2）

大批讲究的住宅，这些住宅大门上都用砖造门头做装饰。从总体造型上看，由于砖门头源自木门头，所以仍保留了木门头的形式，两侧有垂柱，柱间架横梁，梁上置斗栱支撑屋顶，只是所有这些构件都由砖材制作，变成贴附在墙体上的一层装饰了。随着砖门头的发展，这种仿木结构的形式也起了变化。两侧的垂柱消失了，由上面的梁枋组成门头的主体，梁枋上的斗栱被简化为几座大斗，其上用几层线脚支托上面的屋顶。门头上的木雕变为砖雕，那种起伏很大的木雕变为起伏很小的平雕，看上去更显细致。徽州也有门脸装饰。在门洞两侧用砖砌造出立柱，柱上架梁枋，其上用斗栱支撑屋顶，梁枋间留出字牌位置，梁枋上施砖雕，整体造型简洁、完整。也有特别讲究的住宅，在大门上不但有门头装饰，还在大门两侧加筑影壁，附有砖雕的影壁呈八字形分列左

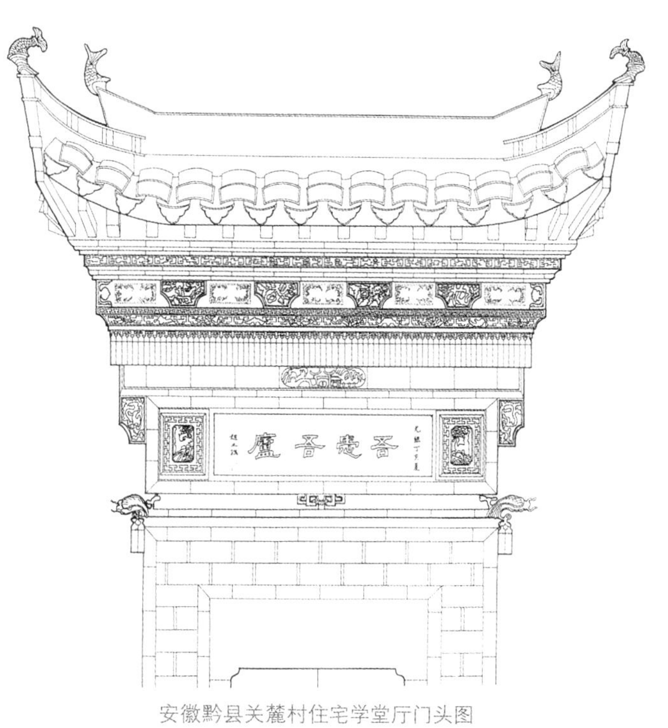

安徽黟县关麓村住宅学堂厅门头图

安徽黟县关麓村住宅大门图（1）（2）

安徽徽州住宅砖门脸图（1）（2）

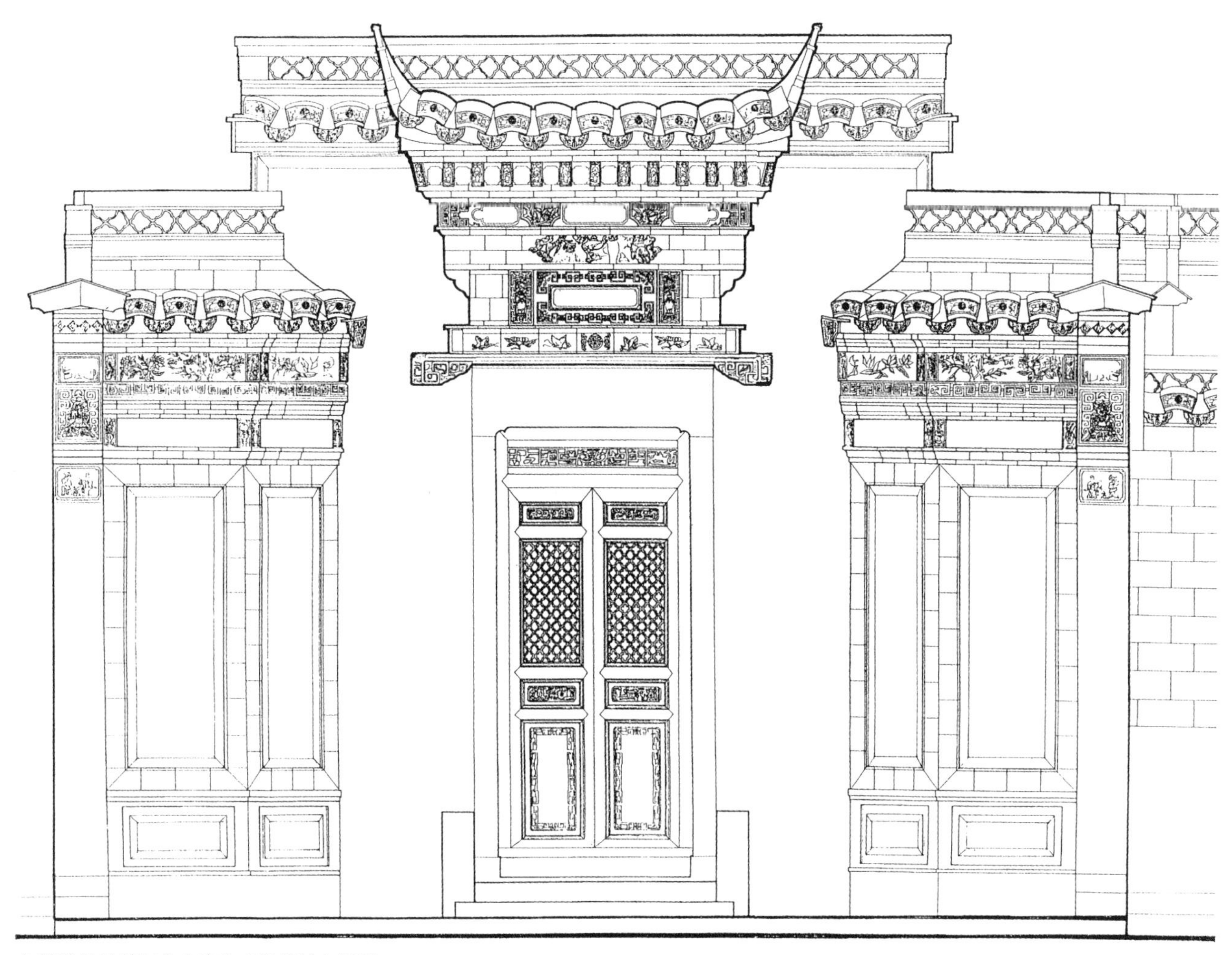

安徽黟县关麓村住宅有八字影壁的大门图

福建邵武住宅门头

右，使宅门更显出主人的权势与财势。黑瓦、灰砖的门头与门脸贴附在白粉墙上，显得清畅醒目，黑、白、灰组成为这个地区住宅的主色调，成了徽州建筑的风格特征。

在福建邵武地区可以看到另一种风格的砖门头。这些门头有的还保留着木结构的垂柱，有的只用梁枋组成主体。门头上的砖雕装饰如果与徽州的门头相比，其特点是砖雕分布广，有的连字牌部

福建邵武住宅门头局部（1）（2）

福建邵武住宅大门影壁砖雕（1）（2）（3）

浙江农村住宅门头画（1）（2）

分也有砖雕；在梁枋上喜欢将砖雕分为方形、圆形、花瓣等形式的小块作零散布置；雕法也喜用起伏较大的深浮雕。有的讲究宅门两侧也加筑影壁，这些影壁不像徽州那样保持白色的壁墙而是满布砖雕，甚至雕出格扇门窗，格心上的窗花和绦环板上的花饰都用透雕、高浮雕表现。所以从总体到局部，它都比徽州地区的门头显得缛重而繁杂。

无论制作木门头和砖门头，都需要有相当的财力，在农村的广大百姓自然不具备这样的条件，但他们也会设法装饰自己的宅门。用白灰在门上涂刷一块白底，在上面画出人物、动物、花草，一样表现出百姓对生活的理念与祈望。

三、祠堂之门

①

在中国农村的血缘村落中多设有一座或多座祠堂。祠堂的主要功能是祭祀同一家族的祖先，凡遇到涉及家族共同利益，例如灾荒救济、抵御外敌侵扰、续写族谱等大事，祠堂也是族民议事的地方。有的规模较大的祠堂内还设有戏台，凡过年过节，家族请来戏班在这里演出戏曲，供族人观戏同乐，以增进家族团结和广大族人的凝聚力。所以祠堂往往成为一座村落的政治与文化中

②

浙江兰溪诸葛村大公堂大门（1）（2）

江西婺源黄村黄氏宗祠大门立面图

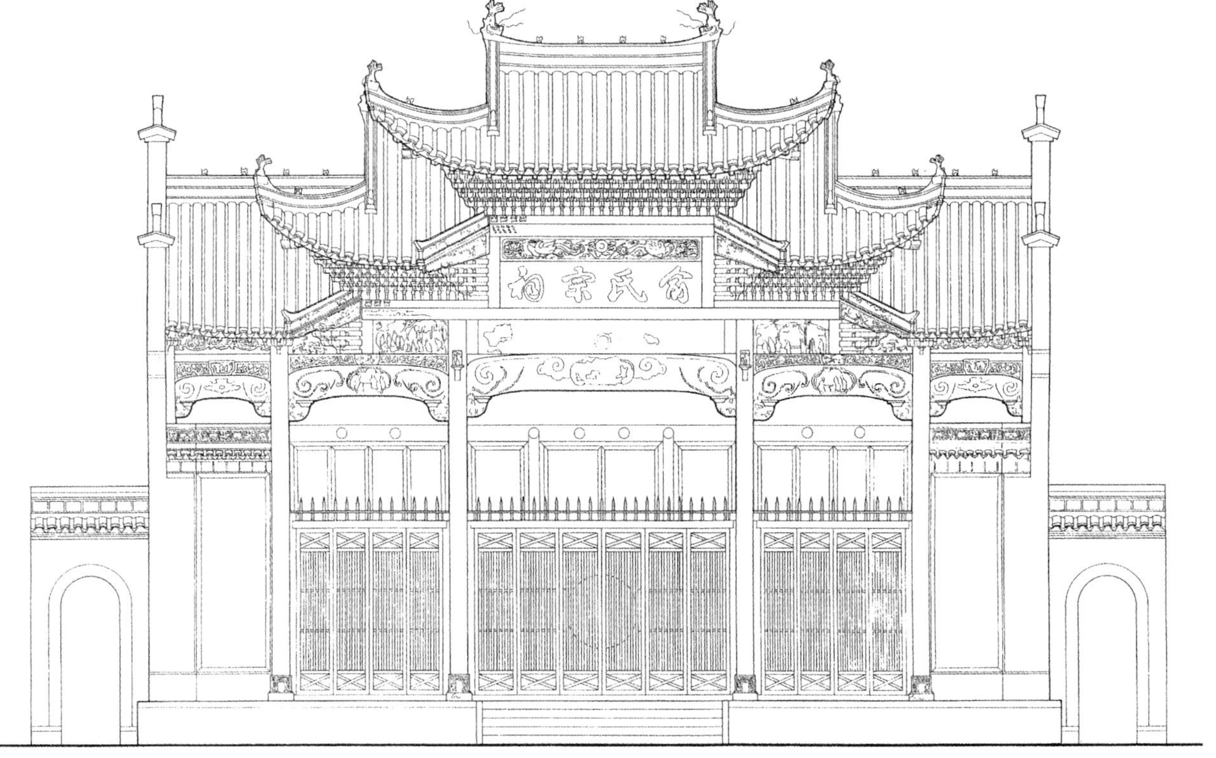

江西婺源汪口村俞氏宗祠大门立面图

安徽绩溪龙川村胡氏宗祠大门正面

安徽绩溪龙川村胡氏宗祠大门背面

安徽绩溪龙川村胡氏宗祠大门梁枋木雕（1）（2）

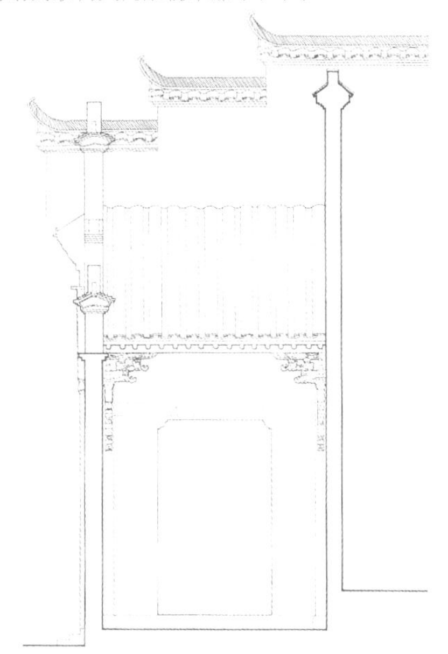

安徽绩溪龙川村文与堂外墙门内立面图

心，它比住宅甚至比寺庙都规模大，装修与装饰都讲究，借以显示家族的地位与势力。

祠堂的装饰集中表现在戏台、正厅，当然也表现在大门上。

（一）木结构门装饰 在南方的浙江、安徽地区都可以见到这类祠堂大门的装饰，因为祠堂的大门多开设在门厅上，有的并列三开间，所以多采取多开间的牌楼形式，木结构的木牌楼竖立在门厅前沿，有的单开间三座屋顶，有的三开间三座屋顶，梁枋上有木雕装饰，屋顶多高出门厅，有的用普通的悬山顶，有的用复杂的歇山顶，屋角高高翘起，使这些祠堂门脸十分突出。

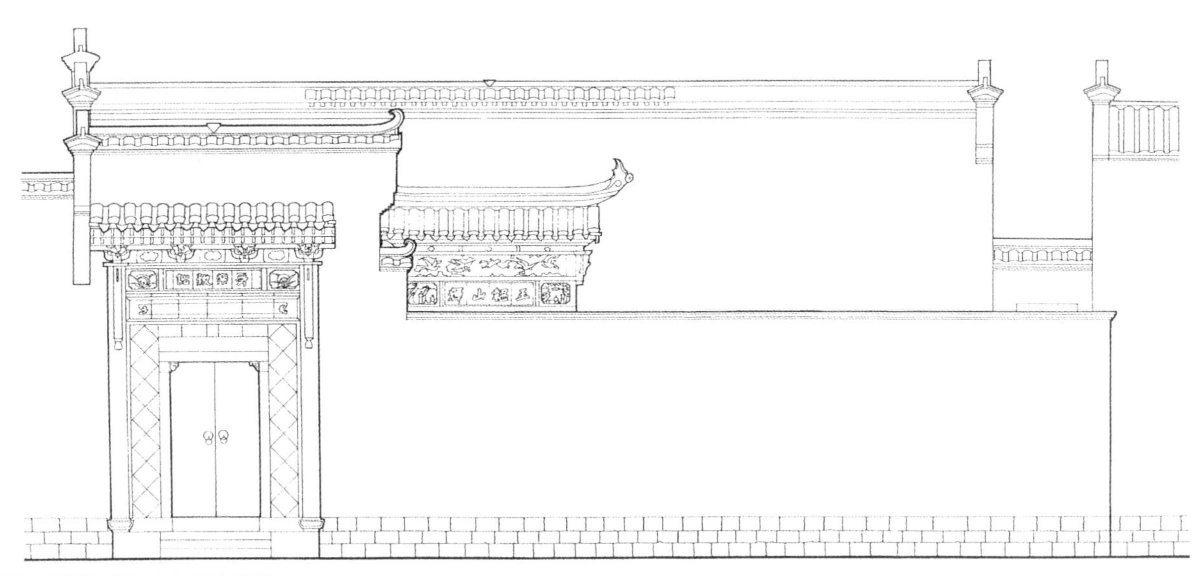

浙江兰溪诸葛村文与堂立面图

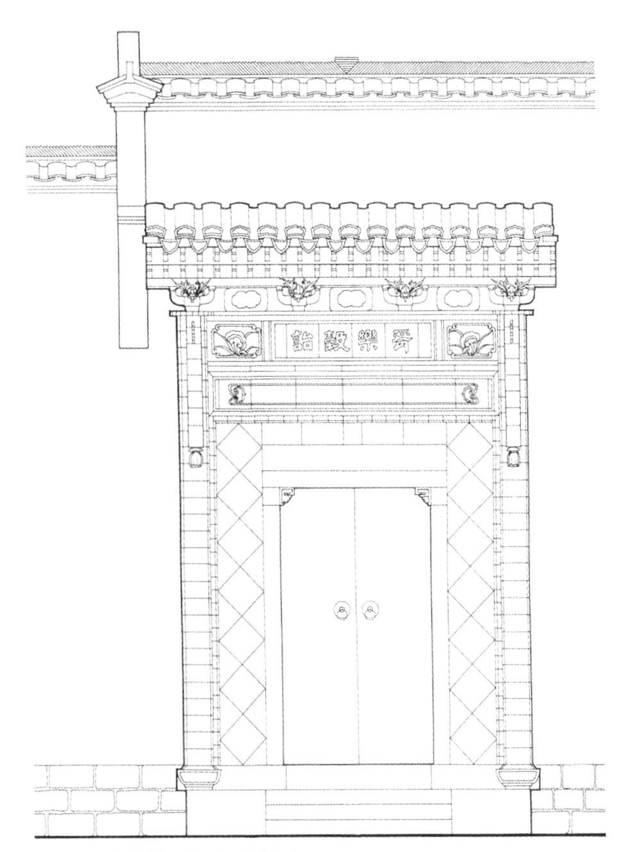

浙江兰溪诸葛村文与堂外墙门外立面图

浙江兰溪诸葛村文与堂内墙门外立面图

浙江兰溪诸葛村文与堂内墙门内立面图

浙江兰溪诸葛村春晖堂大门立面图

浙江兰溪诸葛村雍睦堂大门

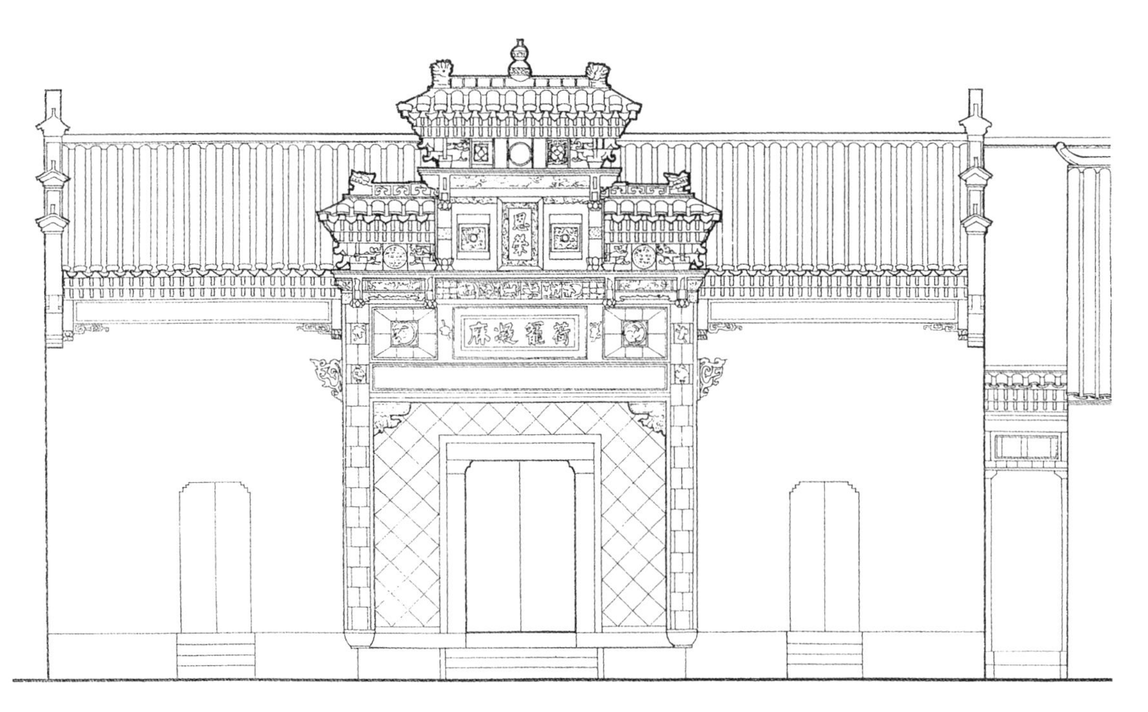

浙江兰溪诸葛村春晖堂立面图

江西景德镇祠堂大门

浙江永康后吴村占鳌公祠大门

浙江永康后吴村占鳌公祠大门局部

（二）**砖结构门装饰** 与住宅的门头、门脸装饰一样，由于木结构易遭损坏，出现了砖结构的祠堂门装饰。比较小型的祠堂，大门装饰和住宅一样，用砖门头和门脸的形式。浙江兰溪诸葛村有一座家族房派的小祠堂，内外有两道门，在外墙朝外和内墙的门里、门外都用砖门脸装饰，梁枋上满布砖雕，由外至内，一道比一道门头加大，雕饰增多，内院门朝向祠堂祀厅的一面，因为面对着祀厅中的祖先牌位，所以门头的雕饰特别华丽而丰富。

较大的祠堂门多用牌楼式门脸，同一座诸葛村里两座家族分祠堂都用双柱单开间，三屋顶的牌楼形式，和木结构牌楼门脸一样，将牌楼顶高出门厅屋顶，但由于砖结构不可能把屋角翘向天空，因此在总体造型上不如木结构牌楼门那样活泼。

也有把砖牌楼门做成三开间五座顶的，浙江永康后吴村占鳌公祠的正门只有一个不大的门洞，但在它的四周用了三开间砖牌楼，牌楼顶高举在门厅之上，使不大的祠堂门打扮得十分有气

安徽绩溪朱氏宗祠大门

安徽绩溪朱氏宗祠大门翘角

浙江建德新叶村文昌阁大门

湖北奉节白帝庙大门

重庆湖广会馆广东公所大门

新疆吐鲁番清真寺大门头

势。安徽绩溪有一座朱氏宗祠，也是在单一门洞的四周围罩着一座三开间五座顶的砖牌楼，值得注意的是这座紧贴于墙体上的牌楼顶却用了局部的木结构使它的两角高高翘起于墙体之外。六座起翘的屋角和透空的屋脊，再加上脊端凌空的鳌鱼，使原先呆板的牌楼一下变得灵巧起来，显示出古代工匠高超的造型技艺。

除以上介绍的宫殿、住宅和祠堂的大门外，在陵墓、寺庙、园林等类建筑上都有形形色色的门，这些门因地区、民族和宗教的不同又各具形态，因篇幅所限，只能介绍到这里。

第二章
屋顶造型

一、屋角起翘

二、屋脊正吻

三、屋脊小兽

四、屋顶组合

任何建筑都有屋顶，由于屋顶位置高，体量大，所以它成为很显著的部分，在建筑的造型设计中占有很重要的地位。意大利罗马的圣彼得大教堂最引人注目的部分就是它的穹顶，意大利三大文艺巨匠之一的米开朗琪罗亲自主持这项工程，他将自己生命的最后14年全部花在这座教堂大穹顶的设计与建造上，穹顶顶部十字架至地面高达137.8米，使圣彼得大教堂成为意大利文艺复兴时期最具代表性的建筑。亚洲泰国是几乎全民信奉佛教的国家，国内有数不清的佛寺，这些佛寺大殿因为采用木结构多有很高大的屋顶部分。在泰国，这些佛殿的顶部都用简单的悬山式屋顶分解组合，在每座悬山顶的几条屋脊与山墙部分都有金色的装饰，屋面也铺着黄、绿等彩色的瓦，把屋顶打扮得像一顶五彩的王冠，从而使这些佛殿成为泰国的一道极富特色的风景。

中国古代建筑也采用木结构，也使各类建筑多具有比较大的屋顶部分。中国工匠在长期的实践中不但对这些屋顶进行了整体的造型，而且还对屋顶上的各个局部作了装饰的处理。工匠用木结构将屋顶制作成前后两面坡的硬山式，悬山式，四面坡的庑殿式，以及悬山与庑殿叠加而成的歇山式四种基本形式，它们的做法一种比一种复杂。除此之外还有平顶、囤顶、攒尖顶、穹隆顶和盝顶等其他式样。对于屋顶的各种部件，从两个屋顶相交的屋脊、数条屋脊相交的节点到屋檐处的瓦当与滴水都进行了加工而使它们都成为一种装饰。

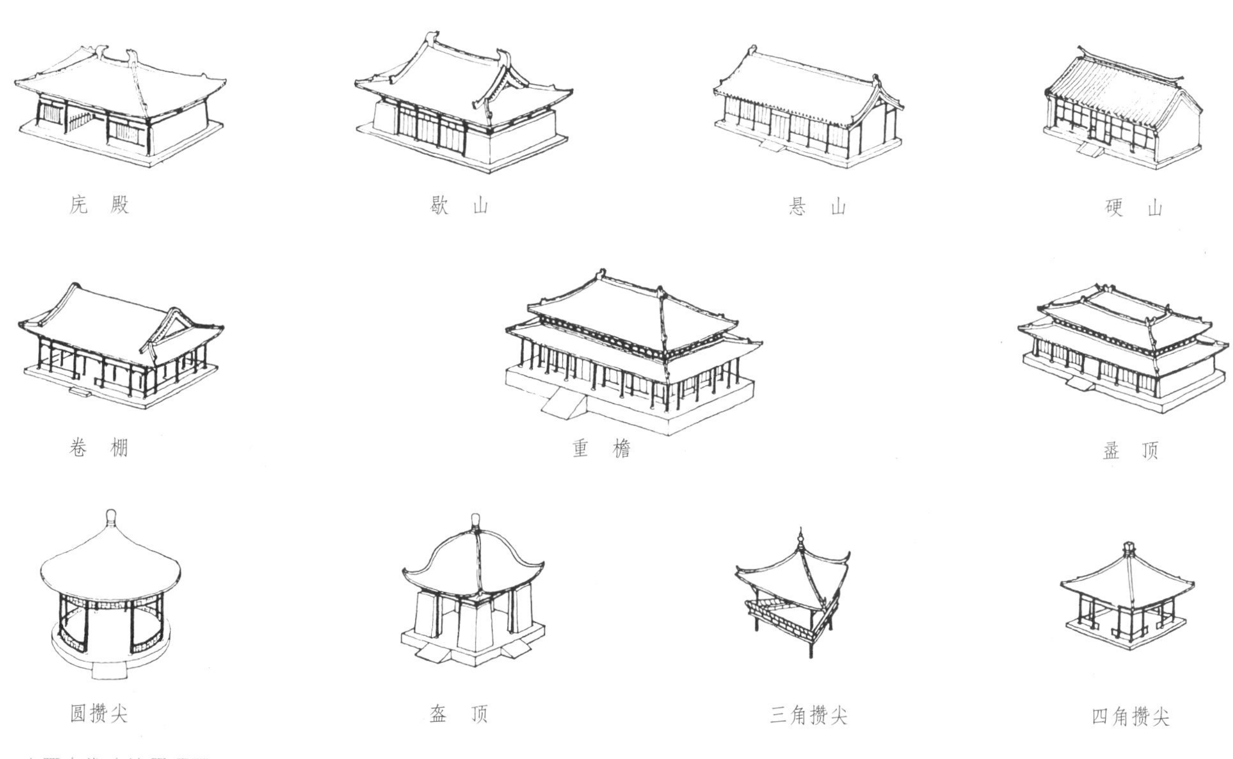

中国古代建筑屋顶图

泰国佛寺屋顶

意大利罗马圣彼得大教堂拱顶

一、屋角起翘

中国古代建筑的屋身部分早期都用土墙，后来发展成为砖墙与木制的门与窗，为了使这些土墙、砖墙和木门窗少受日晒、雨淋，多将屋顶的四面出檐加大挑出于屋身之外。这种出檐是依靠自梁枋上架设的两层椽木支撑。由于房屋四角的出檐部分必然与屋身距离加大，所以原来的两层椽木改为尺寸较大的两层角梁。角梁的梁背比椽木高，因此由椽木与角梁顶端连成的檐口外沿成为一条中间水平，两头起翘的曲线。这就是房屋屋顶四个角向上起翘的原因，它是由于结构的需要而产生的。

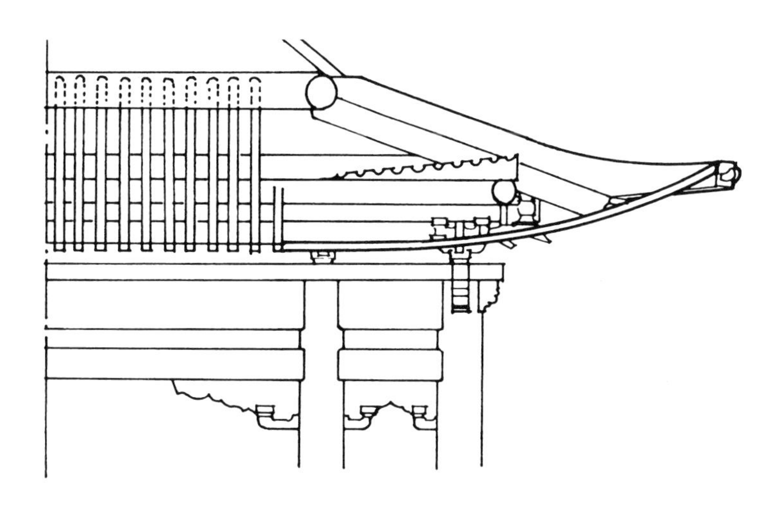

中国建筑屋角起翘图（1）

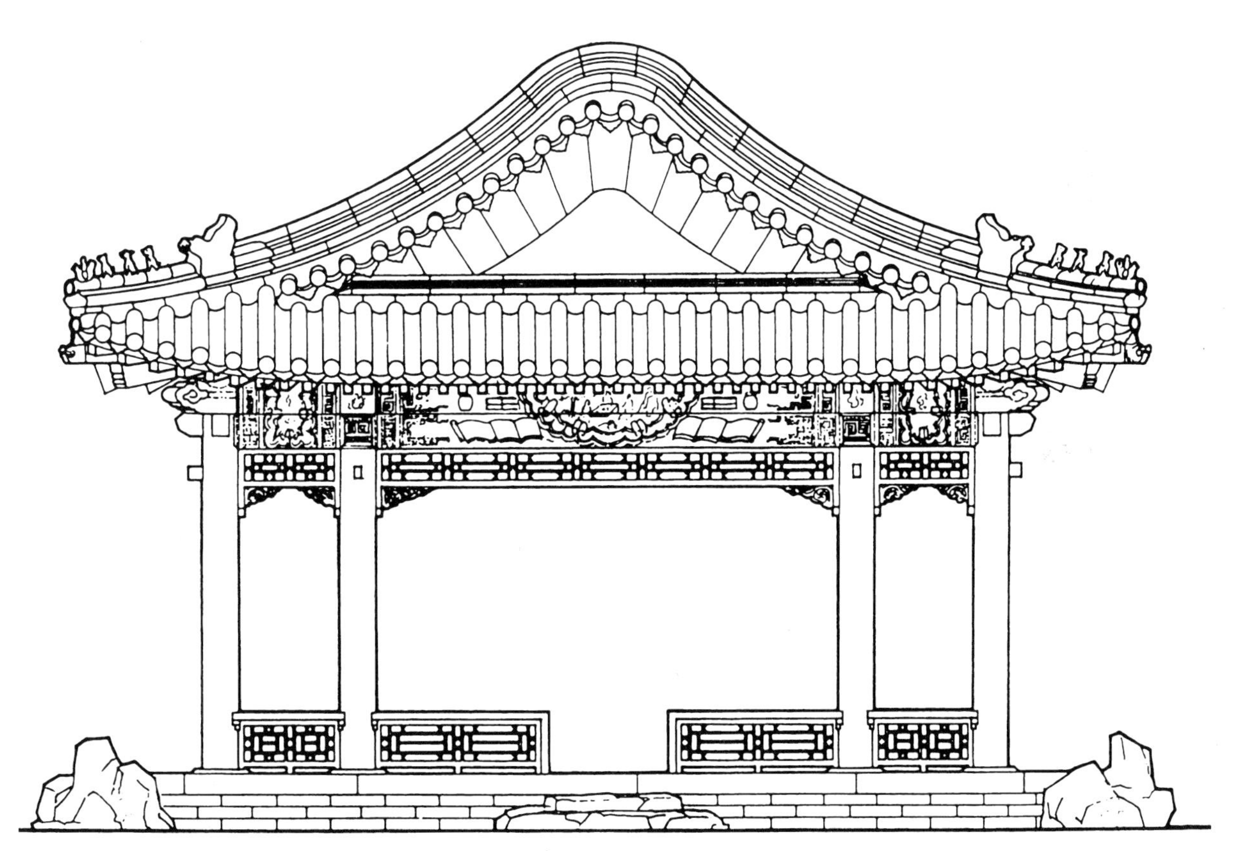

中国建筑屋角起翘图（2）

屋檐呈曲线的寺庙建筑（1）（2）

福建寺庙高翘的屋角

瓦作翘角尖 (1) (2)

南方寺庙的高翘屋角 (1) (2)

两头起翘的屋檐自然比一条水平的屋檐显得美观，于是工匠在建造屋顶的过程中，有意地把这种起翘做得更加明显，由原来中央水平只两头起翘而发展成一条从中央即开始起翘的完全曲线了，使屋顶的檐部由僵硬变得柔和更加富有弹性美。

在南方地区可以看到许多寺庙、楼阁、戏台屋顶的四个角都翘得很高，细看这些屋角的结构都是把上面一层的小角梁竖立在下面大角梁背上而构成这高翘的角。在前面概说部分总结建筑装

南方寺庙的高翘屋角 (3)

鳌鱼翘角尖

浙江武义郭洞村祠堂戏台的鳌鱼翘角尖

四川丰都阁楼仙鹤翘角尖

饰发展规律中曾提到：当有的构件失去原有物质功能而成为纯装饰构件时，可以不受限制而自由创作出多样的形象。在这里也是这样，这种竖立的角梁已经不是结构上的需要，所以高翘的屋角已经不是由合理结构而产生，已经变成一种纯装饰的构件了，它们的形象经过各地工匠的创作而变为多姿多彩。屋角高高翘起，直冲青天，尤其那尖尖的翘角头，有的用瓦片叠加而成；有的用一条鳌鱼，鱼头叼着翘角尖，鱼尾朝上，倒立于半空中；有的竟将仙鹤置于屋角上，仙鹤长颈尖嘴，让它们立在脊上，昂首向天，仿佛一群仙鹤展翅高飞，形象生动活泼，充分展示了古代工匠的巧妙构思。

浙江建德新叶村文昌阁屋顶

有一个现象值得注意，这种高翘的屋角多见于南方建筑，而在北方很少见到，这可能是由于屋顶构造的原因。由于北方气候冬季天寒，屋顶做法多在屋面瓦下铺一层泥土以增加保温作用，南方建筑不需要这层泥土而直接在屋顶的木结构上铺瓦，北方建筑屋顶上这层不薄的泥土恰恰妨碍了屋顶高翘角的产生。

上海豫园戏台

硕大的屋顶，由于有这些高翘的屋角而使它不显得那么笨拙而沉重，尤其对那些楼阁、亭榭，由于有了这些翘角使整座建筑变得轻巧而活泼。它们像天空中展翼飞翔的鸟，古人称它们为“飞檐翼角”。

上海豫园厅堂屋顶

北京紫禁城太和殿的飞檐翼角

二、屋脊正吻

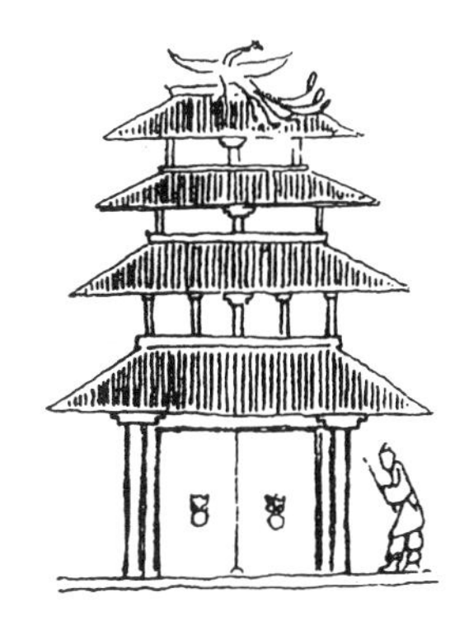
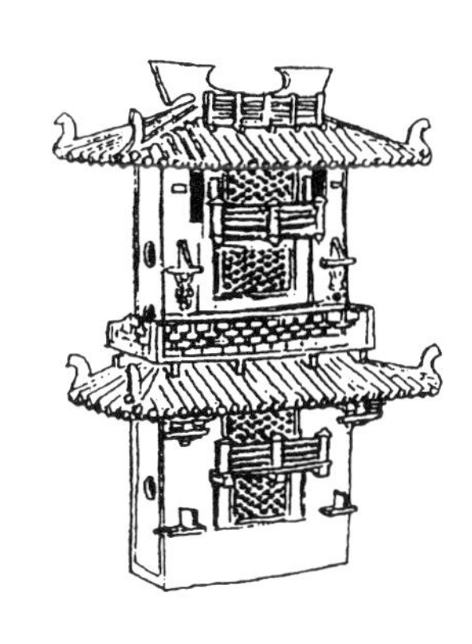

汉代画像石和陶楼上的屋顶脊饰图

无论是两面坡还是四面坡的屋顶，处于正、背两面的屋面相交产生一条屋脊，因为它面对房屋的正面，所以称“正脊”。正脊左右两端又和其他方向的屋脊相交而产生一个节点,称“正吻”。工匠对这一对正吻当然进行了加工处理。中国古代早期地面上的建筑留存至今的很少，我们只能从地下墓室中出土的陶制建筑模型和刻在石材、铜器上的建筑图像上看到当时的建筑和它们的屋顶形象。这些屋顶上的正吻，有的被加工成外形规整的几何形；有的被做成一只飞鸟停贮在屋脊上。据古籍记载:西汉太初元年（公元前 104 年)，柏梁台上一座宫殿被火烧毁，当时人们对于防火还缺乏有效的办法，听巫师说大海中有一种尾部长得像鸱的神鱼，它能够用尾部激拍水浪而使天下雨灭火。所以将这种神鱼的形象置放在房屋顶上即能消除火灾。正吻正处于屋顶最高处，所以成了安放神鱼的最佳位置。鸱为传说中的一种怪鸟，它的形状也不清楚，所以这种尾似鸱的神鱼形象只能从留存至今的建筑上去寻察。山西五台山的佛光寺大殿建于唐大中十一年（857 年)，是目前中国留存的最早期木结构建筑之一。这座大殿的正吻形象是一龙头，张嘴吞衔着正脊，龙头之上做成向内翻卷的尾部，表面还有隐起的小龙纹，外沿有一圈鱼鳍。我们从之后的宋、辽、金时期的建筑上也见到这样的正吻，都是龙头张嘴衔脊，龙尾向内翻卷，外沿有鱼鳍，只是正吻表面多了一层满布的鱼鳞，其中有的外形较方整，有的瘦高一些。从这些正吻的形象可以看到，大

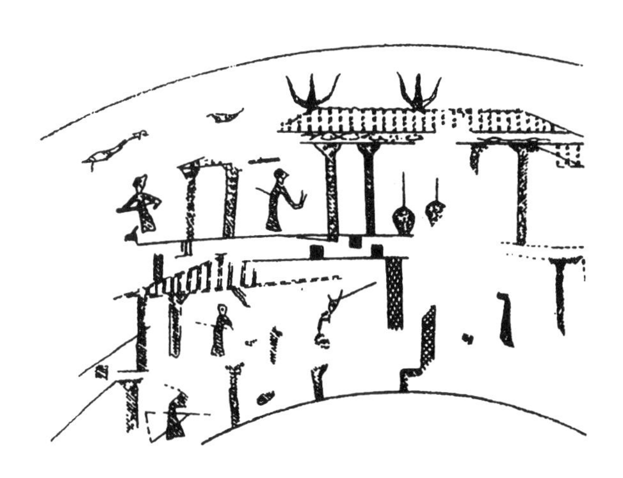

古代铜鉴上的屋顶脊饰图

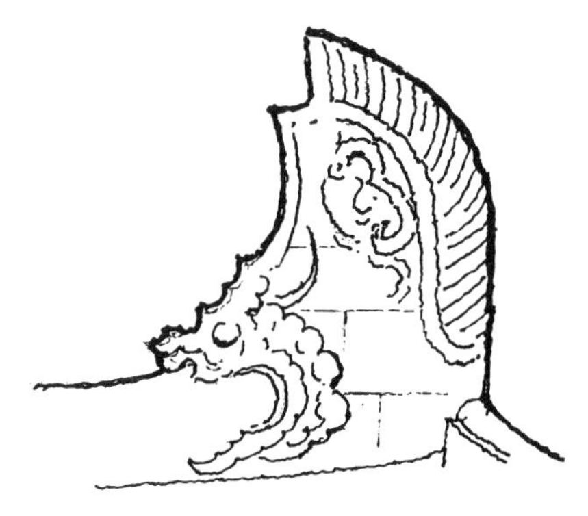

唐代正吻形象：山西五台佛光寺大殿正吻图

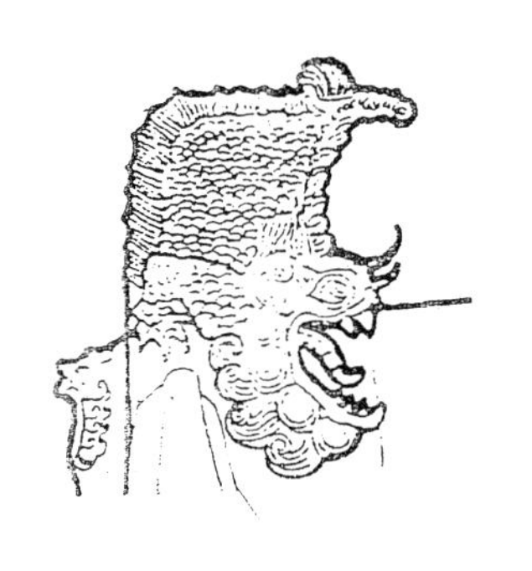

山西大同华严寺薄伽教藏殿正吻图

天津蓟县独乐寺山门正吻图

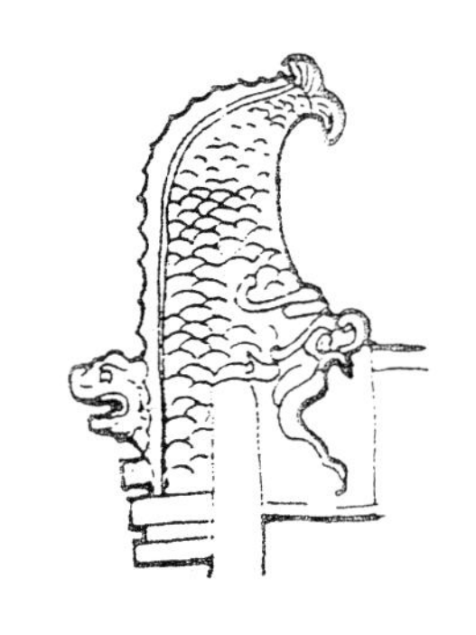

山西大同下华严寺壁藏正吻图

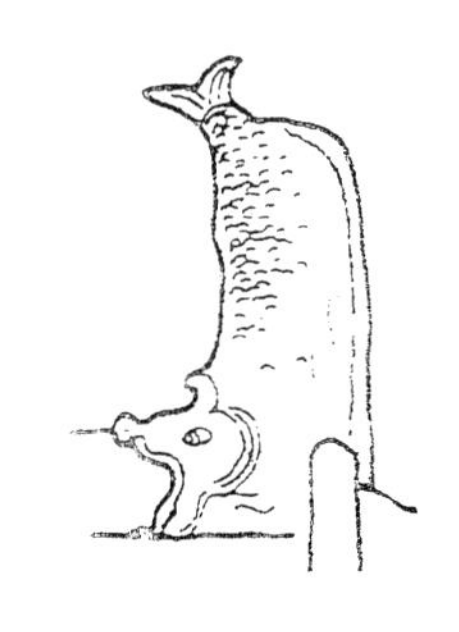

山西榆次永寿寺雨花宫正吻图

宋、辽、金时代正吻形象

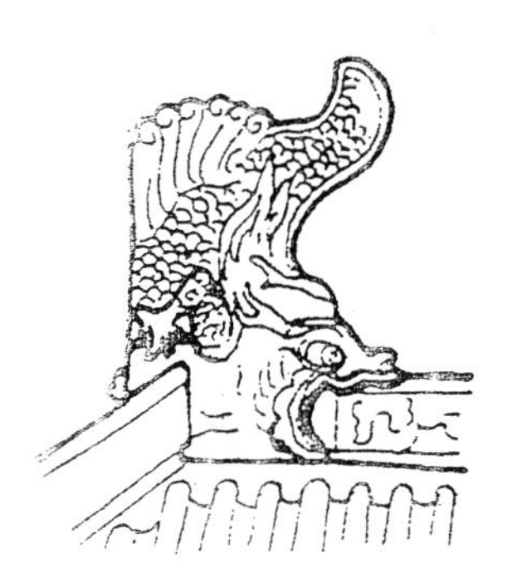

河北曲阳北岳庙德宁殿正吻图

四川峨眉山飞来殿正吻图

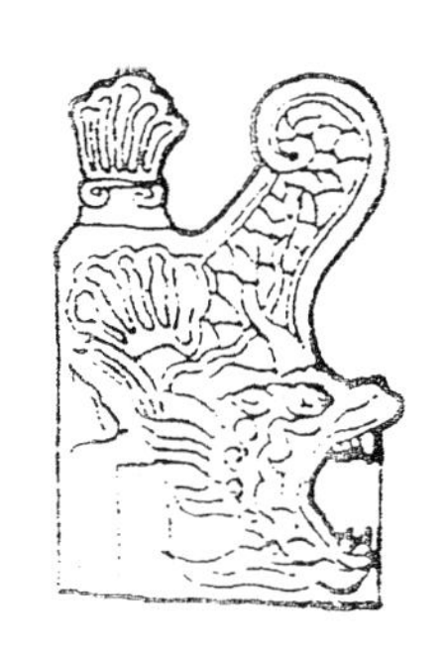

北京智化寺万佛阁正吻图

元、明时代正吻形象

海中的神鱼已经被龙的部分形体所替代了，因为龙早就是中华民族的图腾形象，传说龙平时居于海底龙宫中，能够呼风唤雨，具有神力，相比尾似鸱的神鱼，当然更能消除火患。此后在元、明、清时期大量建筑上的正吻，都沿用了这种龙头的形象，只是它的尾部向内卷后又向外卷，使整体形象富有变化。

北京紫禁城太和殿屋顶上的正吻是宫殿建筑上正吻的标准形象。整体略呈方形，龙嘴衔脊，龙尾向外翻卷，吻身表面满布鱼鳞纹，并附有一条小龙；吻背上插有一把剑靶，吻后背有小兽头。这座正吻高达 3.4 米，重 3 吨多，由于它不具有龙的完整形象，所以在以龙作为皇帝象征的紫禁城里，在众多具有完整龙形的装饰环境里，只能称为龙子，并赋以专门名字为“螭吻”。不论太和殿的正吻有多大和多重，对于防止火灾来说只能起到象征的作用。太和殿建于明永乐十八年（1420 年），但就在第二年即 1421 年就被一场大火烧毁，经重建后又多次被烧，而且火势沿着四周廊屋漫延，连同将太和门等殿堂皆付之一炬。现存的太和殿是清康熙年间重建的。

太和殿正吻的标准形式只适用于宫殿建筑

北京紫禁城太和殿正吻

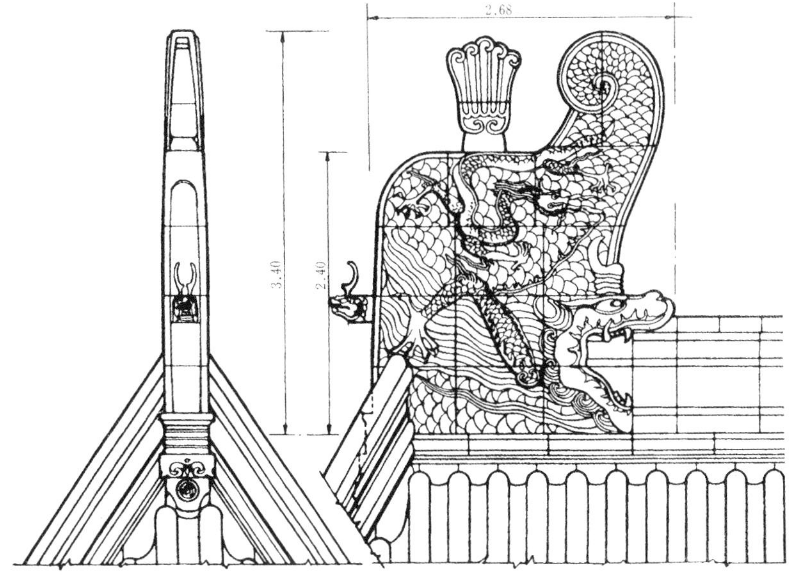

太和殿正吻图

上，南北各地，城乡各处建筑上的正吻，其形象就不拘一格了。距离京城北京较近的山西建筑，其正吻仍保持龙头的形象，只是有的龙头不张口衔脊而是龙尾连着正脊，龙头背向仰望青天了，有的由两个龙头相连组合成吻。在比较讲究的寺庙大殿上，正吻由彩色琉璃组成两个龙头上下相叠的复杂形象。

在南方各地建筑上的正吻更无定制。在讲究的寺庙大殿上有直接用整条龙体作正吻的，有的龙体爬伏脊上，龙尾高高翘起，有的龙体站立脊端作舞蹈状。在一些殿阁、戏台、门头上常见到用鳌鱼作正吻的。鳌传说为水中大龟，龟为水生动物，很早就与龙、朱雀、虎并列为四神兽之一。如今鳌与鱼结合自然更具灭火消灾的象征意义。作为正吻的鳌鱼皆头朝下，张嘴吞咬正脊或嘴微张叼着脊尖，鱼尾朝上倒立于正脊两端，形象生动。

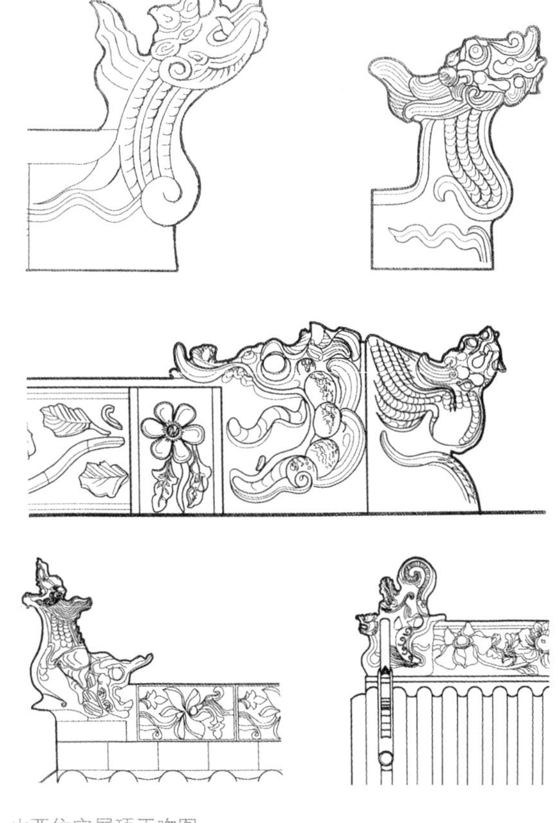
山西住宅屋顶正吻图

山西碑亭正吻

福建南靖石桥村水屋庵屋顶龙吻图

南方佛寺屋顶龙吻

福建南靖塔下村家庙屋脊龙吻

广东东莞南社村祠堂屋顶鳌鱼正吻（1）（2）

重庆湖广会馆屋顶鳌鱼正吻

①

②

安徽住宅门头鳌鱼正吻图（1）（2）

在一部介绍中国南方建筑工程做法的专著《营造法原》里，专门有一章讲的是正脊的各种做法，有甘蔗、雌毛、蛟头、哺鸡、哺龙等多种式样。这些正脊与正吻的形象在南方各地的建筑上随处可见，只是比这些经规范了的形式更为丰富。蛟头脊的两端用回纹或卷草纹作正吻，有的外形方正一些，有的圆曲一些，有的将正脊与正吻皆做成透空的卷草纹，一条条弯曲如弓的屋脊凌空而立，组成一幅生动活泼的空中图景。

南方住宅纹头脊（1）（2）

南方住宅纹头脊图

方住宅哺鸡脊（1）（2）

方建筑屋顶卷草正吻

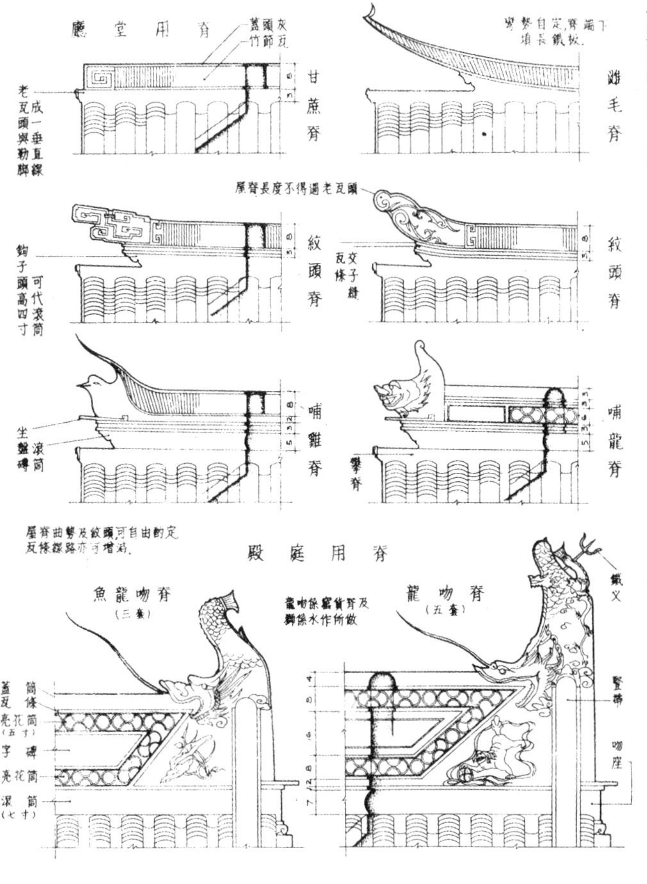

《营造法原》屋脊图

三、屋脊小兽

中国古代建筑屋顶都用瓦铺设在表面以防雨雪。瓦有青瓦与琉璃瓦之分，青瓦即普通陶瓦，用泥土制坯烧制而成。琉璃瓦是在泥坯表面涂一层釉，进窑烧后瓦表面带釉，坚硬而光滑，防水性强，还可以用不同配方的釉烧制出不同的色彩，所以宫殿建筑和比较重要的殿堂多用琉璃瓦顶。

琉璃瓦屋顶

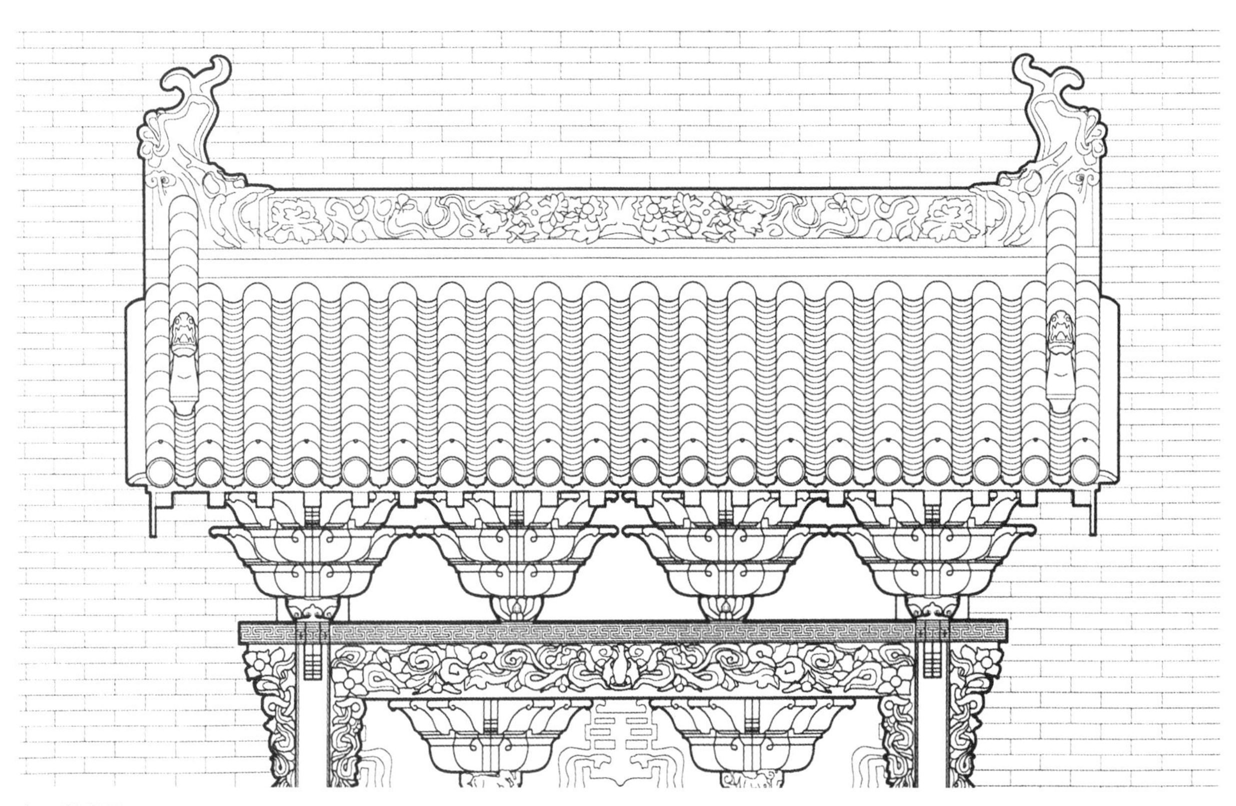

青瓦屋顶图

在北京紫禁城、明代陵墓、天坛、颐和园等皇家建筑的屋顶上，几乎都是用琉璃瓦铺设的屋顶，它们的做法是一层板瓦仰面成行地铺在下面作底，在两行板瓦之间覆盖半圆形的筒瓦。这些成行的筒瓦由屋檐开始铺设，由下至上一块压着一块。在有斜度的坡形屋顶上，为了防止成行的筒瓦向下滑落，所以需要将处在屋檐最下面的筒瓦固定在屋面上，固定的方法是在筒瓦背上留一孔，用铁钉从孔中把筒瓦钉在屋顶的木构件上。为了防止雨雪从孔中浸入腐蚀木构件和铁钉生锈，所以在小孔的钉子头上加盖一个小琉璃帽，称钉帽。在面积比较大的屋顶上，一条纵向的瓦垄长度很大，为了使筒瓦不致滑落，需要分段地用铁钉固定筒瓦，这样在屋顶瓦面上除檐口外还出现多行钉帽。古代工匠善于将各种构件经过加工而成为装饰，他们对这些钉帽也不例外，在屋顶的一些重点部分，例如垂脊的头上，这种钉帽被塑造成为各种小兽的形象了，它们逐渐失去了原来铁钉帽的物质功能而成为单纯的装饰构件。在北京紫禁城众多宫殿建筑的屋顶垂脊上可以见到排列成行的小兽，它们具有不同的形象，而且还有特定的人文内涵。紫禁城内的太和殿、保和殿、乾清宫和宁寿宫内的皇极殿，它们都是皇帝举行大朝、殿试、寝宫和乾隆皇帝准备退位后使用的重要宫殿，按朝廷礼制都应该是具有最高等级的建筑，所以这几座殿堂都面宽九开间以上，屋顶除保和殿为重檐歇山顶之外全部为重檐庑殿顶，它们屋顶垂脊上的小兽也是用的最高等级共九个。它们的次序为：顶端是一位骑在小兽上的仙人，它不属于小兽之列，仙人之后依次为龙、凤、狮子、天马、海马、狻猊、押鱼、獬豸、斗牛。龙、凤、狮子前面已经介绍过。马力量大，善于长途奔跑，是古代很重要的生产劳力和交通工具。天马、海马都属骏马，天马还长有两翼，能够飞腾。狻猊是狮子的别称。押鱼是大海中鱼，亦属神兽。獬豸也是一种神兽，它的特征是头上生有独角，见到人之间有争吵相斗，能用独角触不正直的一方，因为獬豸能够辨别是非所以古代朝廷司法官的官服上常绣着它的图案以示公正司法。斗牛为天空中二十八宿星座中北方的斗宿和牛宿。总之，这九个小兽排列在屋脊上，它们都是人们熟悉的神兽与瑞兽，不仅形象各异而且各具不同的象征内容。在诸座重要的大殿中，太和殿为举行朝廷大礼的场所，毕竟比其他各殿位置更显重要，它的宽度达 11 开间，体量也最大，因此在屋顶的小兽装饰上也理应显示出区别，于是在太和殿的垂脊上，在斗牛之后又加了一个站立着的猴，因为它位列第十，故称“行什”。在这里，前端的仙人和尾上的行什可以分别视为领队者压队者，这样既不破坏最高等级“九”的规矩，又显示了太和殿的特殊地位。

屋顶瓦钉构造

北京紫禁城太和殿屋脊小兽

位于太和殿与保和殿之间的中和殿只是皇帝在上大朝之前休息场所，所以屋脊上的小兽只用前面的七个。紫禁城御花园中有楼阁、亭台，它们屋脊上的小兽又减为五个、三个，直到宫城内一些院门屋顶脊上只剩下一条龙兽了。一条屋脊上小兽的装饰也会显示出封建礼制的等级关系。

地方建筑屋脊小兽

走出都城北京，各地建筑屋脊上的小兽装饰就没有这么严格的规矩了。小兽不一定是龙、凤，可以用狮子、马，在云南景洪地区佛寺大殿的屋脊上用的是一种当地称作“怪兽”，形象像一只公鸡，在其后是一排形如小兽的植物卷草。小兽既成为一种纯装饰性的构件，其形象自然不受限制而任凭各地工匠创造，所以有以整条龙体爬行

云南西双版纳佛寺屋脊装饰

紫禁城宫殿屋脊小兽等级（1）（2）（3）

各地寺庙屋脊卷草纹装饰

各地佛寺殿堂屋脊龙装饰（1）（2）

回纹装饰

于脊上的，完全用植物卷草纹或用回纹做脊上装饰的，形式和内容都十分多样。

四、屋顶组合

屋顶组合包含三方面内容：一是多座建筑屋顶的组合；二是一座建筑具有多个屋顶的组合；三是单幢建筑大体量屋顶的分解组合。

（一）多座建筑屋顶的组合 建筑的群体性是中国古代建筑的特征之一。北京紫禁城是一组由数百座大小殿堂组成的庞大建筑群体，其中心地区的前朝三大殿即用了不同形式的屋顶，太和殿为重檐庑殿顶、中和殿为四方攒尖顶、保和殿为重檐歇山顶，它们分大小等级组合在一起。北京颐和园万寿山中央以排云殿、佛香阁为中心的群组在清漪园时期是一组佛教建筑。前面部分排云殿各殿堂都用一色的黄琉璃瓦，中轴及两侧的建筑分别为重檐歇山和单檐歇山顶，显出一派皇家建筑的气魄。后面部分的佛香阁与智慧海，前者为多层的八角攒尖，上面铺着黄琉璃瓦绿色镶边；后者为歇山顶，顶上用黄、绿两色琉璃瓦拼出花纹并具有一条用彩色喇嘛塔组成的屋脊。这种黄、绿二色混用的屋顶又表现了皇家园林建筑的特色。在中心群组两侧还有两组佛寺建筑转轮

颐和园众香界，智慧海屋顶

藏和五方阁分踞左右，为了表现园林环境，这两组大小殿堂都用的是绿色琉璃瓦，但由于它们分别采用了八角攒尖、四方攒尖、歇山顶等多种屋顶形式，所以使小小佛寺显得十分活泼。以佛香阁为中心的建筑位于万寿山中央，中轴对称，由低至高，层层相叠，由于用了不同的形体，使整组建筑严整而不呆板，既有皇家建筑的气势，又具园林建筑的灵活，在这中间，它们的屋顶在形式和色彩上的处理起到了重要的作用。

颐和园排云殿建筑群屋顶

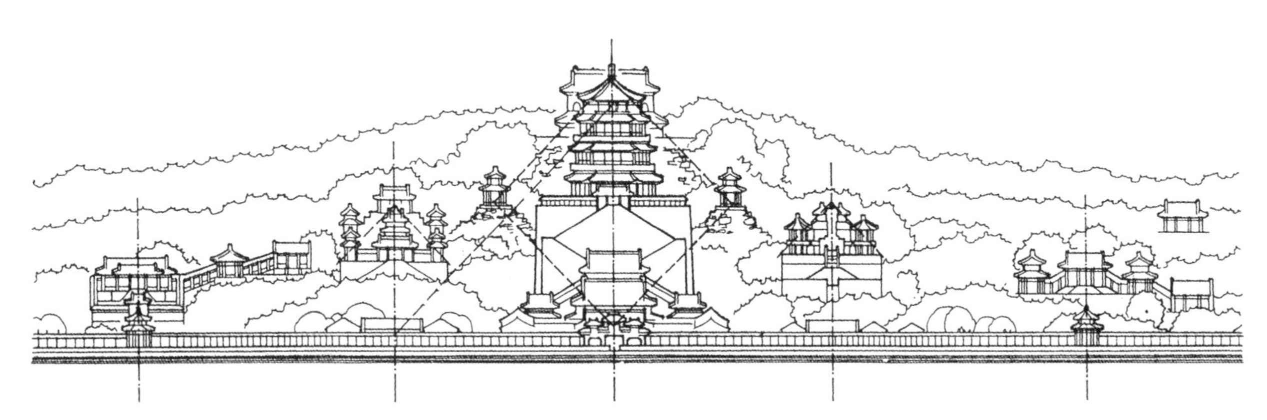

北京颐和园前山中央建筑群立面上的几何关系图

北京颐和园排云殿、佛香阁建筑群组合

宁夏吴忠市清真寺屋顶

在其他宗教建筑群体中也能够看到不同的屋顶组合，河北承德普陀宗乘之庙是一座喇嘛教佛寺，其中心大殿四方攒尖顶上满铺着表面镀金的铜瓦，用一座喇嘛塔作中央的宝顶。大殿前方两座殿阁分列左右，皆用重檐四方攒尖顶，铺着黄色琉璃瓦，这一主二从的屋顶组合在一起，在严整中不失生动。宁夏吴忠市为回族聚居地，市内的清真寺礼拜殿多用圆拱顶或者攒尖顶，顶上都有高尖的象征伊斯兰教的新月形的标志。这些具有特征的屋顶组合在一起形成吴忠市特有的天际线。

这种多座建筑屋顶的组合不仅表现在宫殿、寺庙建筑上，在农村的乡土建筑上也能见到。山西临县碛口镇是古时一座商贸业很发达的乡镇，它位于黄河边，往来船只很多，为了保佑航运的安全，当地百姓在山上建造了一座黑龙庙，庙里供奉着龙王。寺庙前有可以唱戏的乐楼，后有正殿。乐楼背面朝外，上覆歇山顶，下开三座门洞，门洞上方特别加建了一座两层楼的门脸，门脸也

河北承德普陀宗乘之庙建筑群屋顶

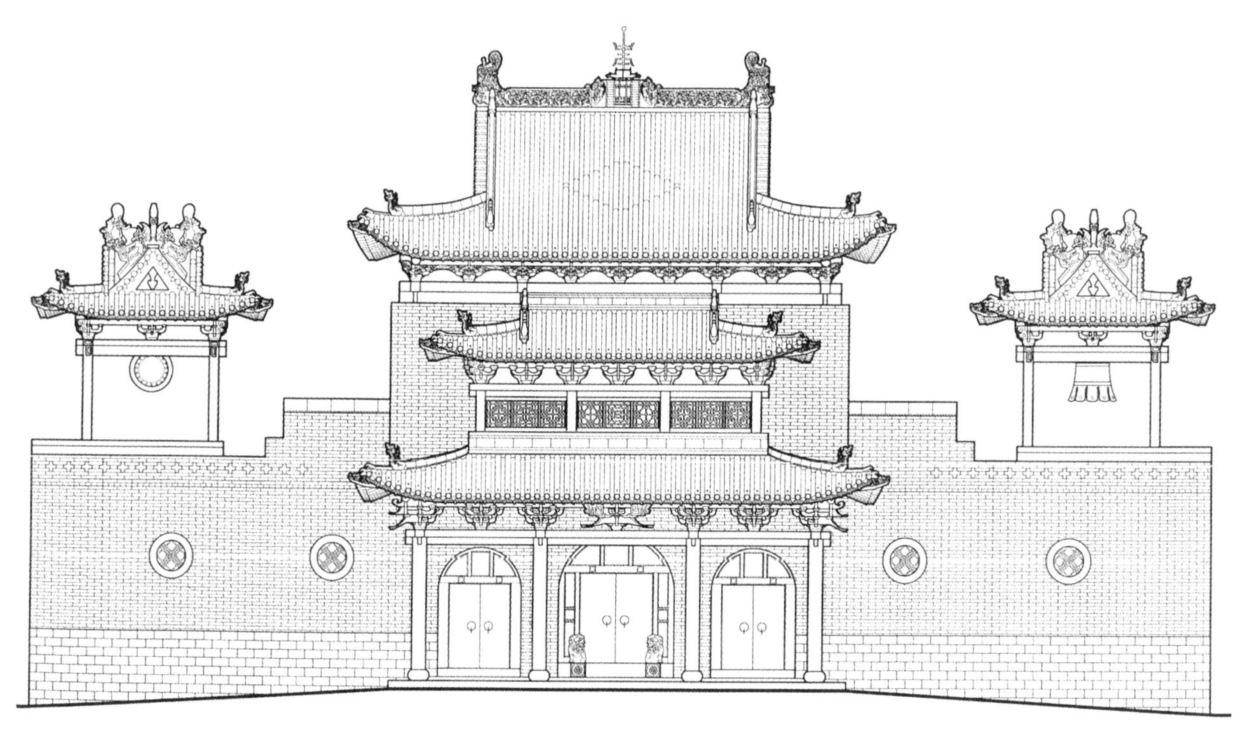

山西临县碛口镇黑龙庙立面图

山西临县碛口镇黑龙庙

福建南靖田螺坑村土楼群

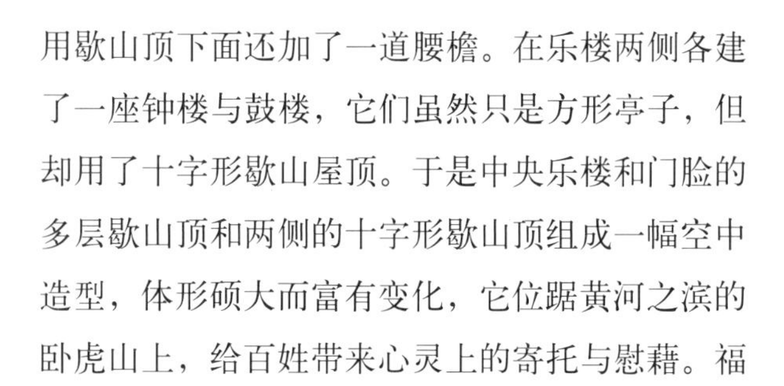

用歇山顶下面还加了一道腰檐。在乐楼两侧各建了一座钟楼与鼓楼，它们虽然只是方形亭子，但却用了十字形歇山屋顶。于是中央乐楼和门脸的多层歇山顶和两侧的十字形歇山顶组成一幅空中造型，体形硕大而富有变化，它位踞黄河之滨的卧虎山上，给百姓带来心灵上的寄托与慰藉。福建土楼是当地百姓聚居的一种大型住宅。南靖田螺坑村有五座土楼聚合成群，其中三座平面呈圆形，一座方形，一座椭圆形，它们不同形式的屋顶组合在一起更增添了土楼的奇特与神秘。

（二）一幢建筑具有多座屋顶的组合　中国古代建筑的形体大多比较规整与简单，但在少数

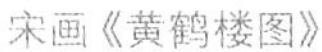
宋画《黄鹤楼图》

宋画《滕王阁图》

建筑，例如位于江河之滨的楼阁、园林中的厅堂楼台，为了与四周自然环境相融合，往往将建筑外形建造得复杂而富有变化。古代黄鹤楼与滕王阁都是历史上有名的楼阁，它们分别建在湖北武昌长江之滨和江西南昌的赣江之畔。这两座楼阁尽管都已不存在，但从留存至今的宋代绘画中能够看到它们当年的形象。它们都有一座比较大的形态规整的厅堂位居中心，四周围着抱厦组成一座大型楼阁坐落在临江的高台之上。这些相连的厅堂抱厦都用歇山屋顶，四角起翘的屋顶，山花上有博风板、悬鱼等装饰，将两座楼阁打扮得多姿多彩。

这种在一幢建筑上用多座屋顶装饰的实例在各地常能见到。广西、贵州侗族百姓聚居的乡村多建有风雨桥，这是一种架设在江河之上，能避风雨的木结构桥梁。风雨桥不但为过江河的交通道，而且还是百姓聚会、聊天、摆设地摊做买卖，甚至还设有神仙牌位供百姓祭拜的场所，风雨桥多位于乡村村口，成为村民生活交往的中心，所以它们的形象也受到重视。长达几十米甚至达百米的木桥，为了避免整体造型的单调，常把长桥分为几段，在木桥两端和桥中央部分建成比桥身略宽的桥亭，这部分的屋顶高出桥顶而做成侗族村落中鼓楼的形式，即由多层出檐的四方或六角攒尖顶，从整体看相当于几座桥亭用桥廊相连。有的木桥桥身不分桥亭与桥廊而成为宽窄相同的长条桥廊，但在桥顶上还建有若干座高起的桥顶，使长桥有高低起伏的变化。驾设在江河上的木桥，桥内两侧设有坐凳与栏杆，桥顶上一色的黑瓦，用白粉粉刷屋脊和宝顶，它们在四周浓绿的山林衬托下，显得朴实而清新，成为侗乡一道特有的景观。

广西侗族村风雨桥（1）（2）

（三）单幢建筑屋顶的分解组合　当一幢建筑的屋顶体量特别大，为了避免它们的笨重感，常将屋顶作分解组合的处理。河北承德普宁寺中有一座大乘阁，里面供奉着一座高达22.28米的木雕千手观音菩萨像，所以大乘阁建成为有七开间宽，五层高的庞大殿阁，楼顶上必然有一座巨大的屋顶，为了避免大屋顶的笨重与呆板，工匠将楼顶一分为五，形成中央大，四角小的五座四方攒尖式屋顶组合的形式，而且特别将五座屋顶中央的宝顶做得瘦而高，经过这样的处理，不但避免了硕大屋顶的呆笨，而且使大乘阁更显崇高。云南西双版纳傣族地区的佛寺大殿，由于殿内的佛像都很高大，因此使大殿屋顶也很庞大，为了避免笨拙感，多将它们分解成为上下和左右的若干片，相互之间有一定高差，这样的处理，既保持了屋顶的总体形象，又大大减轻了屋顶的沉重感。另一种办法是将大型屋顶分解为多座歇山屋顶的重叠组合，使屋顶成为一个极富观赏性的部分。

北京紫禁城的四个角上各建有一座角楼，它们高距城墙之上，起到瞭望与保卫的作用。由于角楼位置显著，城墙下又有护城河与之相映衬，所以极富观赏性，成为紫禁城的一种标志。角楼不大，平面十字方形、只有一层，但它的屋顶做得很复杂，由若干个歇山顶上下重叠组合而成，共有10面山花、28个屋角和72条屋脊，仿佛是一束富丽花朵分踞于宫城四角。云南西双版纳乡村有一座果真佛寺，由一座大殿和一座经堂组成，经堂平面呈十字形，单层面积不大，但它的屋顶却做得很华丽。一座屋顶被分解为八个面，每面在垂直方向又分为十层悬山顶，由下至上，由大到小，到顶端汇集为尖尖的顶部。这八个面共有80个悬山顶，共计240条屋脊，在每层悬山顶的博风板上都有彩绘，每条屋脊上又都排列着植物卷草形的装饰，将整座屋顶装点得如同艳丽的花朵。经堂位于寺庙一侧临近大道，以其美丽的形

河北承德普宁寺大乘阁屋顶

云南西双版纳佛寺大殿屋顶

河北承德普宁寺大乘阁

西双版纳果真佛寺大殿屋顶组合（1）

西双版纳果真佛寺大殿屋顶组合（2）

西双版纳果真佛寺经堂屋顶局部

做文明守
请勿沿

北京紫禁城角楼夜景

象招引远近的佛徒与香客。北京紫禁城的角楼与南方佛寺的经堂，它们都有瞭望、守卫和诵经学习的物质功能，但同时又都具有很强的艺术观赏性而成为紫禁城和佛寺的标志性建筑。值得注意的是，这两座华丽的建筑，其主要的艺术性都来自于屋顶的造型，由此可见，屋顶在塑造建筑艺术形象中是极为重要的部分。

西双版纳果真佛寺经堂与紫禁城角楼的屋顶（1）（2）

北京紫禁城角楼

云南西双版纳果真佛寺经堂

第三章
雕梁画栋

中国古代建筑木结构的基本框架是在地面上立木柱，柱上架设水平方向的梁与枋，由多层梁枋组成三角形的坡形屋顶，再在梁枋上设檩木与椽木，于是构成为房屋的框架。古代工匠在制造这些木构件时，多对它们进行了不同程度的造型加工，努力使这些构件同时具有较为美观的外形。

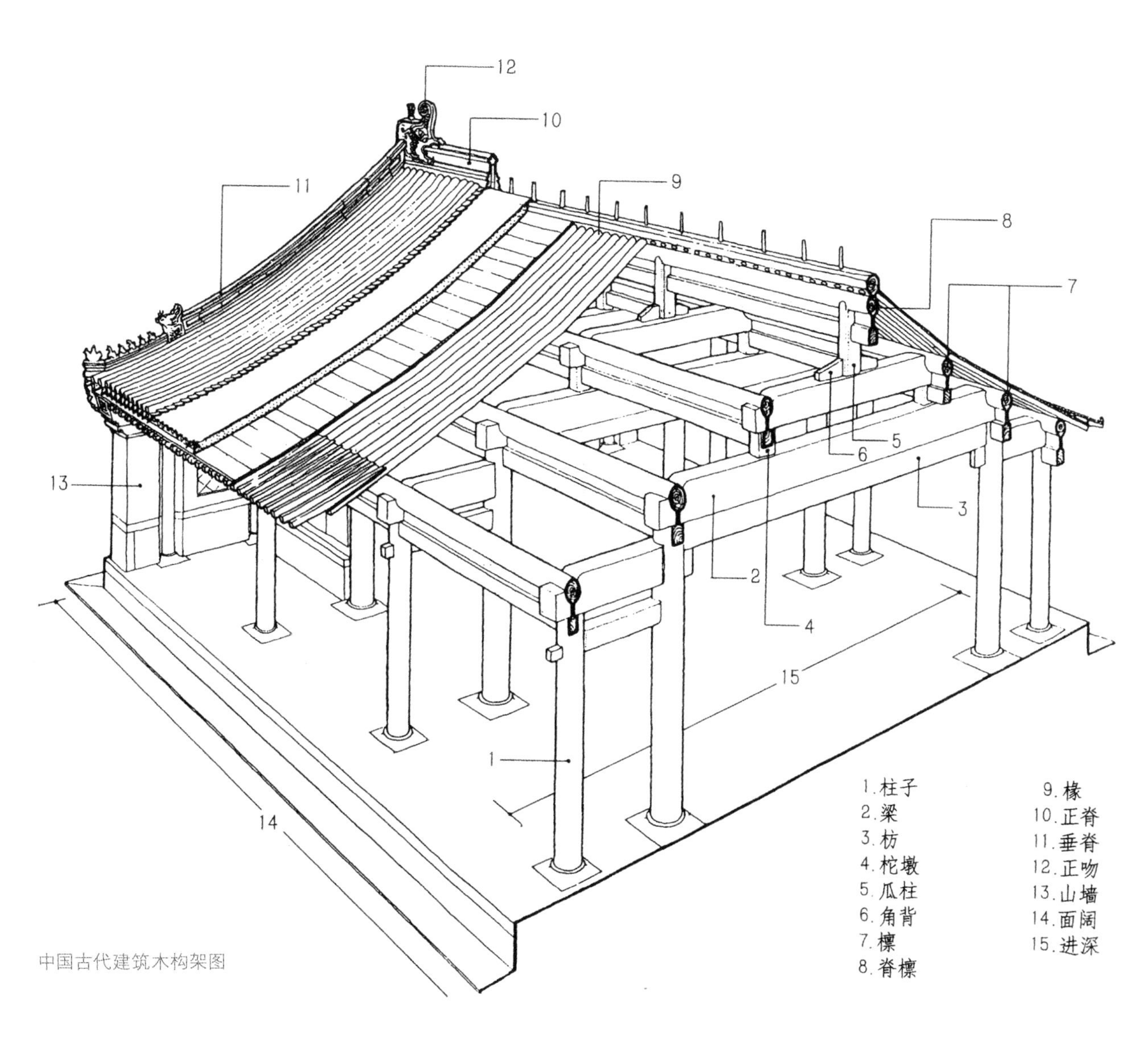

中国古代建筑木构架图

一、梁枋装饰

自然弯曲的梁枋

加工后的月梁

梁为承受荷重的横木，枋为比梁尺寸略小能辅助负重的横木，二者常叠加在一起，所以统以梁枋相称。它们是木结构中很重要的构件，在一副木框架中，梁枋体大量多而且位置明显，所以工匠十分重视对它们的加工。

（一）梁枋的整体造型 在乡村的一些建筑中，常可以见到一种向上微微弯曲的横梁，它们是自然生长成的树木，工匠将它们砍伐下来做成横梁。向上呈曲形的梁在结构力学原理上比直梁的荷重性更好，在视觉上直梁也比较僵直，而曲梁富有弹性。也许是这种天然的曲形梁启发了工匠，使他们将平直的梁枋也加工成曲线形，其方法是把平梁两肩向下削为弧形，把平梁底部向上也削成曲线形，从而使一根平梁也成为微微向上拱起的曲形梁了。因为它形如天上的弯月，所以称为月梁。从现存的唐代至明、清时期大量古建筑中可以看到，月梁已经成为梁枋加工中最常用

不同曲度的月梁（1）（2）

安徽住宅的元宝梁（1）（2）

的办法。月梁有长有短，有弯度平缓的，也有弯曲如弓形的，根据梁枋所在位置和建筑造型、装饰的风格而定。

也有将梁枋加工成中段高、两头下斜成坡形的。这种平拱形的与圆拱形的月梁造型不同，看上去也比平直梁枋更有稳定性，但制造这种梁需要大直径的木材，所以很少见到。

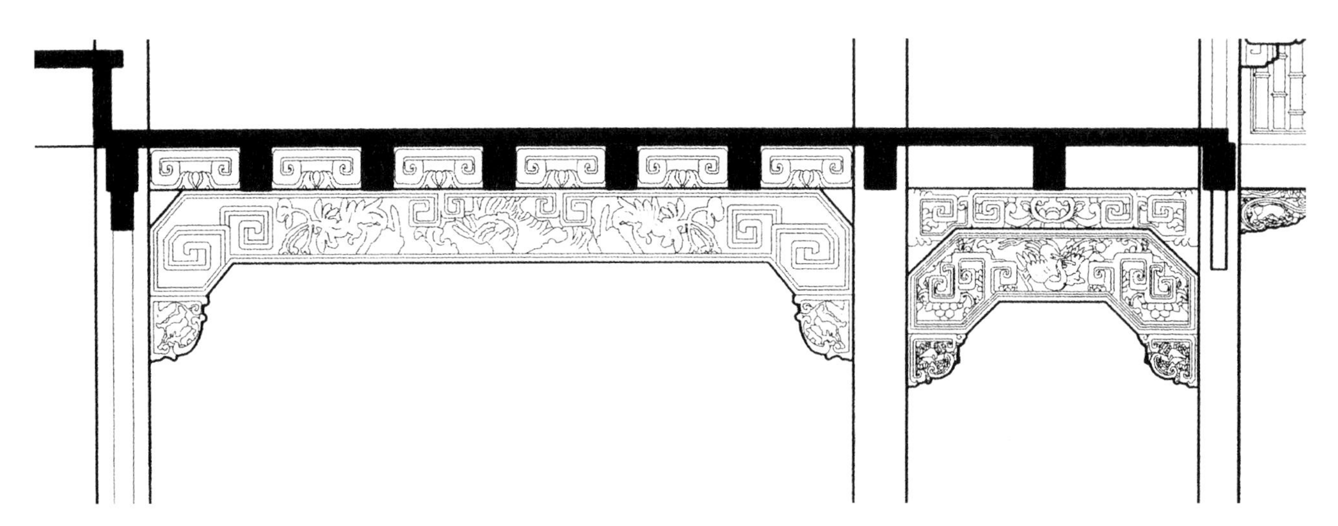

浙江祠堂平拱形梁图

浙江祠堂平拱形梁

梁头装饰图

（二）梁枋的雕刻装饰 圆拱形的月梁和平拱形梁只是对梁枋作了整体上的加工，进一步的装饰则依靠在梁枋表面作雕刻处理。最简单的办法是顺着梁两肩的圆弧线延续到梁的垂直面上，用刀刻出的弧线由梁头下方向上翻卷由粗到细，而成一尖锋，因为形似虾须，所以民间以“虾须”相称。这种虾须形的刻纹并无一定之规，但极富变化而有弹性，具有形式之美，这种几何形体的虾须在工匠手中不断得到发展，于是在梁头下出现了虾须之端变成植物卷草纹了；变成一只长颈仙鹤了，仙鹤伸着长脖，有的口中还含着仙草；有的在刻纹四周还雕出浮云、卷草，使月梁两端装饰更加丰富。

各地梁头刻纹装饰（1）（2）（3）

梁头刻纹装饰（1）（2）

浙江建德新叶村五圣庙骑门梁图

在农村的祠堂、寺庙和讲究的住宅里都有一座主要的厅堂，其中央开间的横梁因为位于厅堂门的上方因此称“骑门梁”，它地位显著需要重点装饰，所以除月梁两头的装饰外，多在梁的中段增施雕饰。这种梁中段的装饰多数是把雕刻集中在一个扁圆形、桃形等形状的范围内，有的在它们的左右用植物枝叶纹向两侧延伸与梁两端装饰相呼应。这中央装饰的内容有双龙戏珠的，两狮耍绣球的，有人物组成戏曲场面的。在一些重

双狮形拱梁

浙江建德新叶村崇仁堂骑门梁

骑门梁中心装饰（1）（2）

浙江建德新叶村崇仁堂骑门梁图

新叶村文昌阁满布雕饰的骑门梁

要的寺庙、祠堂的门楼、厅堂骑门梁上，两头和中央的装饰都越做越复杂，结果变成整座梁面上满布木雕。这种满布木雕的梁枋除骑门梁外，在一些厅堂前檐的廊轩上也常见到。因为廊轩位于前檐，位置重要，光线也比较明亮，廊轩上梁枋也较短小，工匠在这里大展技艺，使这些梁上满布各式木雕，有的甚至将短梁完全雕成双狮耍绣球，造成极华丽的景象。

南方住宅厅堂廊轩梁枋（1）（2）（3）

二、柁墩装饰

梁枋上的柁墩

柁墩是两层梁枋之间的垫木，它的作用是将上面木结构的重量传承至下面的梁枋。柁墩的位置是在上层梁枋的两端或者两层梁枋之间的中央。对于这样一件体量不大的构件，工匠也对它们进行了装饰。

广东东莞有一座南社村，在这座古老的村落中如今还留下十多座大小祠堂，这些祠堂多有三开间的门厅，在门厅正面两层梁枋之间用柁墩相垫，这里的柁墩由于地位显著多进行了细致的加工。它们通常的形式是下面规整的座，座上用一组简单的斗栱承托上面的梁枋，而雕刻装饰集中

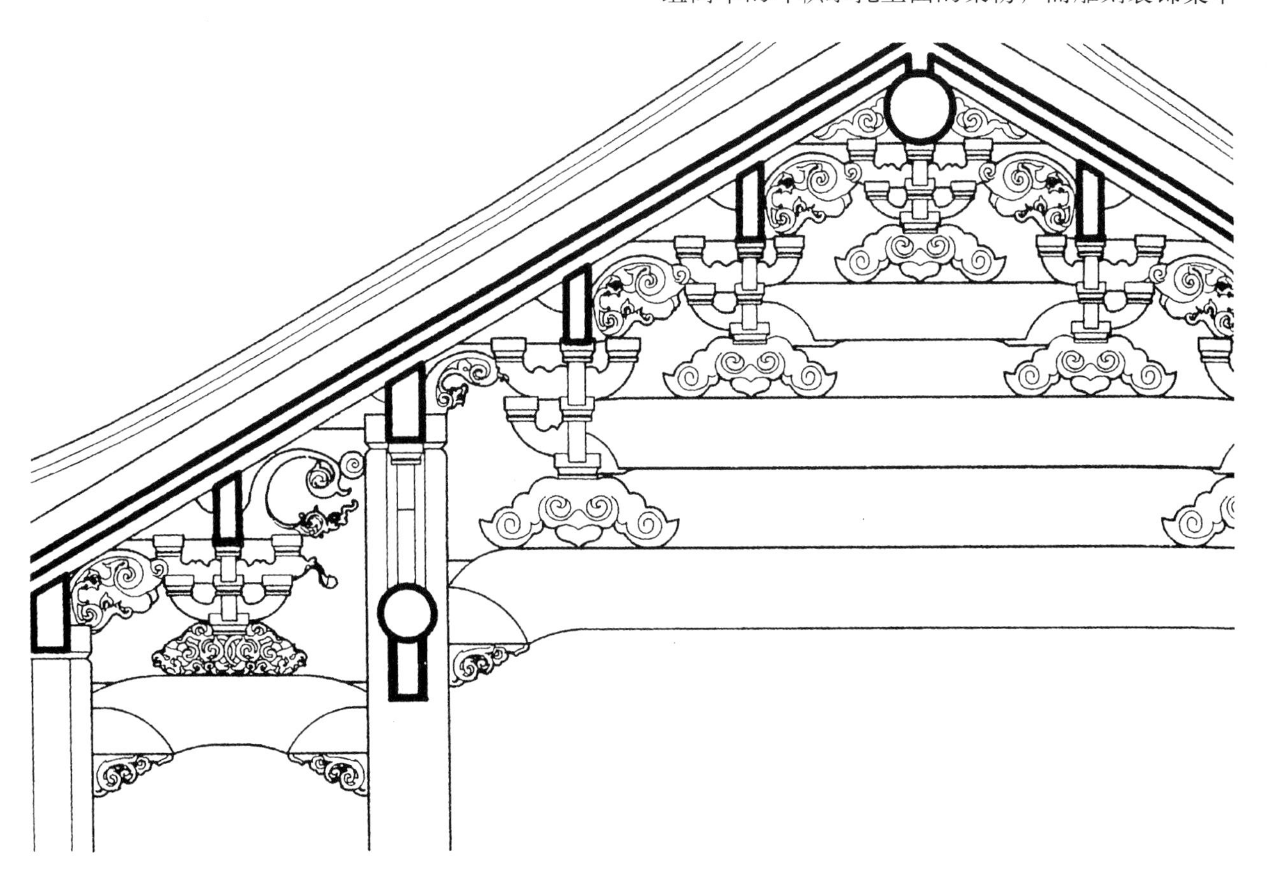
梁枋上的柁墩图

广东东莞南社村祠堂梁上的柁墩

广东东莞南社村祠堂门上柁墩（1）（2）

广东东莞南社村家庙梁上柁墩图

在座上。有的用回纹与卷草组成图案，绿色的卷草回绕在黄色的回纹中间，造型简洁但很醒目；有的在座上雕出一座凉亭，亭中放着瓶与湖石盆景，凉亭两侧各有一只飞翔中的仙鹤，天空中飘着浮云，亭下有起伏的水浪，连凉亭上的月梁、屋顶上的瓦当和仙鹤翅膀上的羽毛都刻画得很清晰，这不大的一块柁墩不但雕刻精美，而且还表现出平安、吉祥、长寿等象征意义。在祠堂厅堂梁架的多层梁枋之间多有柁墩，它们多在三角形的底座上用斗栱支托着上层梁枋。在底座上多用卷草与如意纹作装饰，有的纹样粗放，有的复杂细致一些，它们虽不及祠堂大门正面的柁墩那么显著，但看上去很妥帖舒适。

同在南社村，一座家庙厅堂梁枋间的柁墩雕成一场戏曲场面了。戏台上的文臣武将，他们头戴正冠，衣着战袍正在有滋有味地演唱着，红色的脸面与金色的服饰在黑色台面的衬托下，将柁墩装饰得十分华丽。更有甚者，在南社村关帝庙门厅梁枋间柁墩上竟雕刻出具有三开间的戏台，四根具有广东地方风格的石柱，柱头上支撑着三座藻井天花，一台才子佳人的传统戏曲正在演出，从石柱头、天花到人物的服饰都刻画得很细致。在一座不大村落的寺庙、祠堂里就能够看到这么多样的柁墩装饰。

山西沁水西文兴村是一座只有56户、220余人口的小山村，村里保存着若干座明、清时期建造的住宅。其中的中宪第建于清道光十二年(1832年)，是一座由四座2层房屋围合的四合院，其中坐北朝南的为正房，与它对面的称“倒座”，左右两侧的为厢房。这四面房屋皆面宽三开间，

广东东莞南社村关帝庙梁上柁墩图

广东东莞南社村关帝庙梁上柁墩

每个开间的上下梁枋之间均有柁墩。远望这些柁墩都是呈三角或长方形的雕花木构件，但细观这些柁墩可以发现雕花内容并不相同，它们分别是：正房中央间的是透雕的兽纹、卷草纹；正房次间是深雕卷草纹；倒座中间的是深雕花卉卷草纹；厢房中间是长方形的深雕花卉纹；厢房次间的是长方形浅雕花卉纹。按古代礼制，一座四合院住房是分等级的，它们的次序是处于中央轴线上的正房、倒座、两侧的厢房。在一幢房屋上又以中央开间最重要，左右次间次之。在中宪第住宅的柁墩装饰上也表现了这种礼制，它们表现的手段是：按外形分，三角形为首要，长方形次之；以装饰内容分，按有无动物、花卉、卷草排列次序；

山西沁水西文兴村厢房次开间柁墩

山西沁水西文兴村正房中央开间柁墩

山西沁水西文兴村正房次开间柁墩

山西沁水西文兴村倒座中央开间柁墩

山西沁水西文兴村厢房中央开间柁墩

福建寺庙梁上狮形柁墩（1）（2）

以雕刻技法分，按透雕、深雕、浅雕论等级。所以在这些环处庭院四周的柁墩中，用透雕雕有兽纹、卷草纹的三角形正房中间的柁墩位居首位，其次为居于中轴线上倒座中间的柁墩；其后为正房次间、厢房中间、厢房次间依次排列。可以看出，古代工匠为了在这小小的构件上表现出等级，的确费了一番心思。

在前面“千门之美”的章节里，讲到了福建地区住宅门头装饰的复杂与缛重性，这种特征也同样表现在柁墩的装饰上。在福建的寺庙、祠堂、厅堂梁枋上常可见到一种狮形的柁墩。一块方形构件被雕成一只平伏在梁上的狮子。狮头朝外，狮身卷伏，以狮背承托上面的梁枋。彩色的、涂金的狮子，把整副梁架打扮得五彩缤纷。

三、撑栱、牛腿

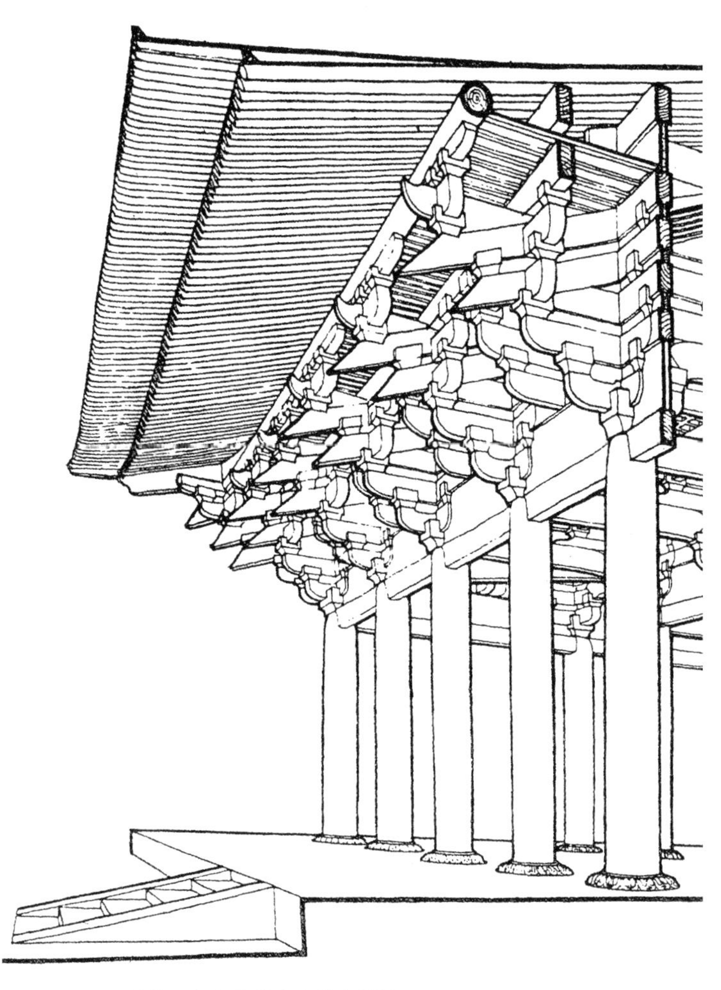
山西五台山佛光寺大殿出檐图

中国古代建筑的屋身部分用的是土墙、砖墙和木材制作的门与窗，为了防止这些土、砖和木材免遭日晒与雨淋都把屋顶的四周出檐挑出得很远。山西五台山的唐代佛光寺大殿，它的屋檐伸出墙体达 4 米；天津蓟县辽代建筑独乐寺的山门只有三开间，檐柱高 4 米，而它的屋顶出檐竟接近 3 米。如此深远的出檐依靠什么构件支撑，靠的是撑栱、牛腿和斗栱，这是三种不同形式的构件，在这里只介绍其中的撑栱与牛腿。

（一）**撑栱**　撑栱就是一根撑木，上端顶托住屋檐的檐枋，下端顶在柱身上，一根立柱上一根撑木就把屋檐支撑住了，它是各种支撑构件中最简单的一种。它的形状可以是一块长条木板，也可以是一根圆木棍，经过工匠之手，它们多被加工美化了。简单的只将木板加工为曲线或者其他几何形，具有形式之美。复杂的在木板上雕以各式花饰；在木棍表面雕出植物花卉；更有甚者把木棍雕成鹿、仙鹤和狮子的，狮头在下，狮身倒立，用狮尾顶住屋檐。在浙江的一座寺庙大殿的屋檐下看到一根满雕着莲荷花叶的撑栱。下端为水浪纹，水中生长出片片荷叶，有的叶体下垂，有的卷曲；荷叶中朵朵荷花挺立，有的含苞待放，有的花瓣盛开；上端飞翔着一只仙鹤状的飞鸟。这一根莲荷状的撑栱既有形体之美，又含有和合美好、纯洁的象征意义。

木片状撑栱（1）（2）（3）

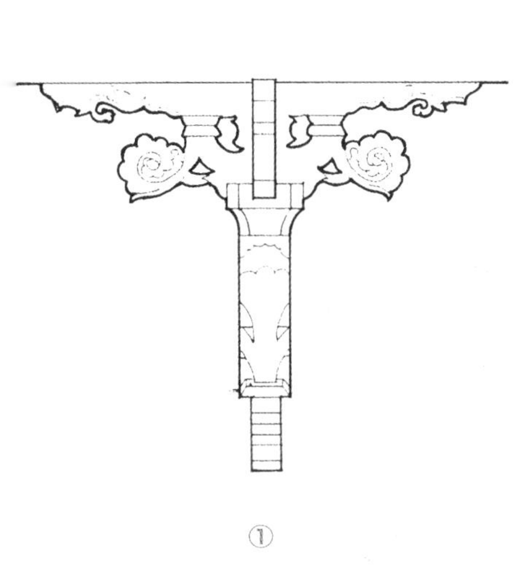
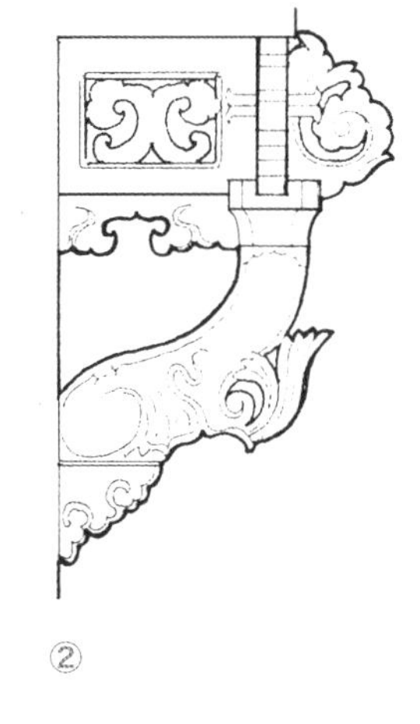
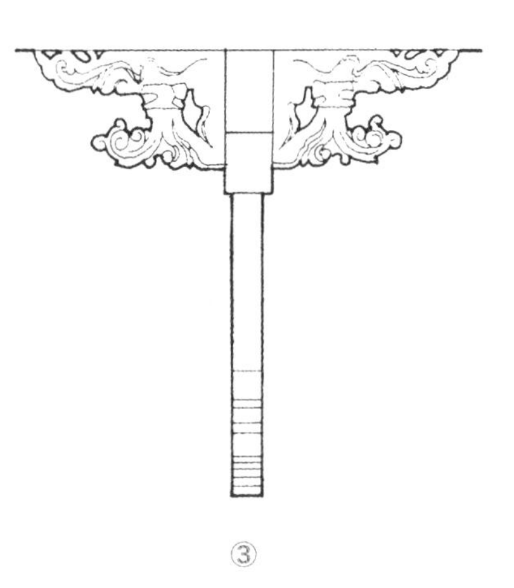
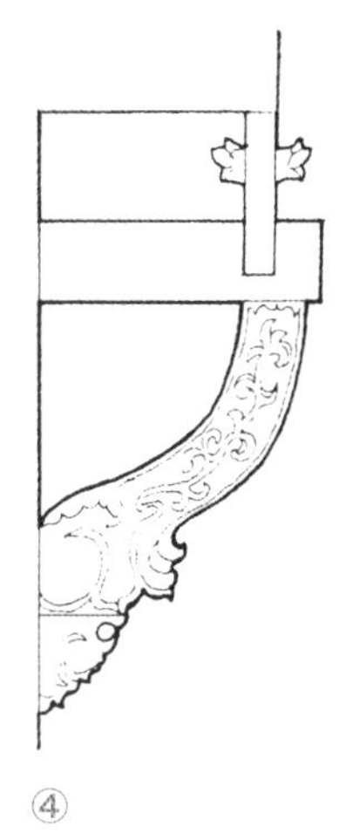

片状撑栱图（1）（2）（3）（4）

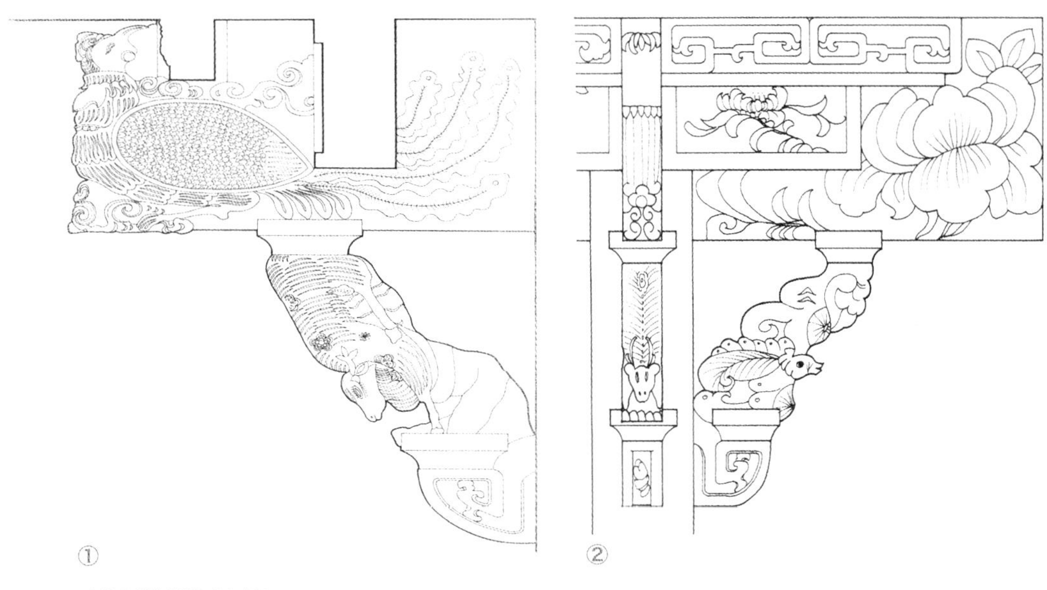
①
②

动物形撑栱图（1）（2）

凤凰形撑栱

龙纹撑栱

人物撑栱

狮子撑栱。狮子性凶猛，俗称兽中之王，除用于建筑大门外两侧作护卫之用外，在住宅厅堂屋檐下的撑栱上也常见它的形象，为了适应撑栱形体，狮身多作前扑状，狮头朝下，狮尾后翻以后肢支撑梁枋，既美化了撑木，又进一步起到护卫住宅的象征作用。

莲荷撑栱。莲荷之花出淤泥而不染，莲荷之根藕居下而有节，质脆而能穿坚，具有多种象征意义。为了适应撑栱形体，将舒展于水面的荷叶卷缩于荷花四周，在撑栱上端还雕有飞翔的仙鹤与成串葡萄，更增加了"和（鹤）合（荷）美满"和"多子多孙"的人文涵意。

撑栱只是一片木或一根棍，它的装饰面积不大，为了进一步进行屋檐下部分的装饰，有的把撑栱与墙体之间留出的三角形空档部分也用木板填实进行了雕饰，并且这种装饰与撑栱连成一片，于是棍状的撑栱逐渐发展成为三角形的牛腿。

（二）牛腿 从结构看，牛腿对屋檐的支撑并不强于撑栱，但它可供装饰的面积得到增大，工匠可以在牛腿上充分展示他们的技艺。从大量牛腿的实例中能够看到牛腿上装饰的内容大体可以归纳为植物、回纹、动物、人物四种类型，但它们往往又相互重叠，混合使用。

植物枝叶的形体可变性大，尤其是发展得很成熟的卷草纹，翻卷自由适合组成各种形状的装

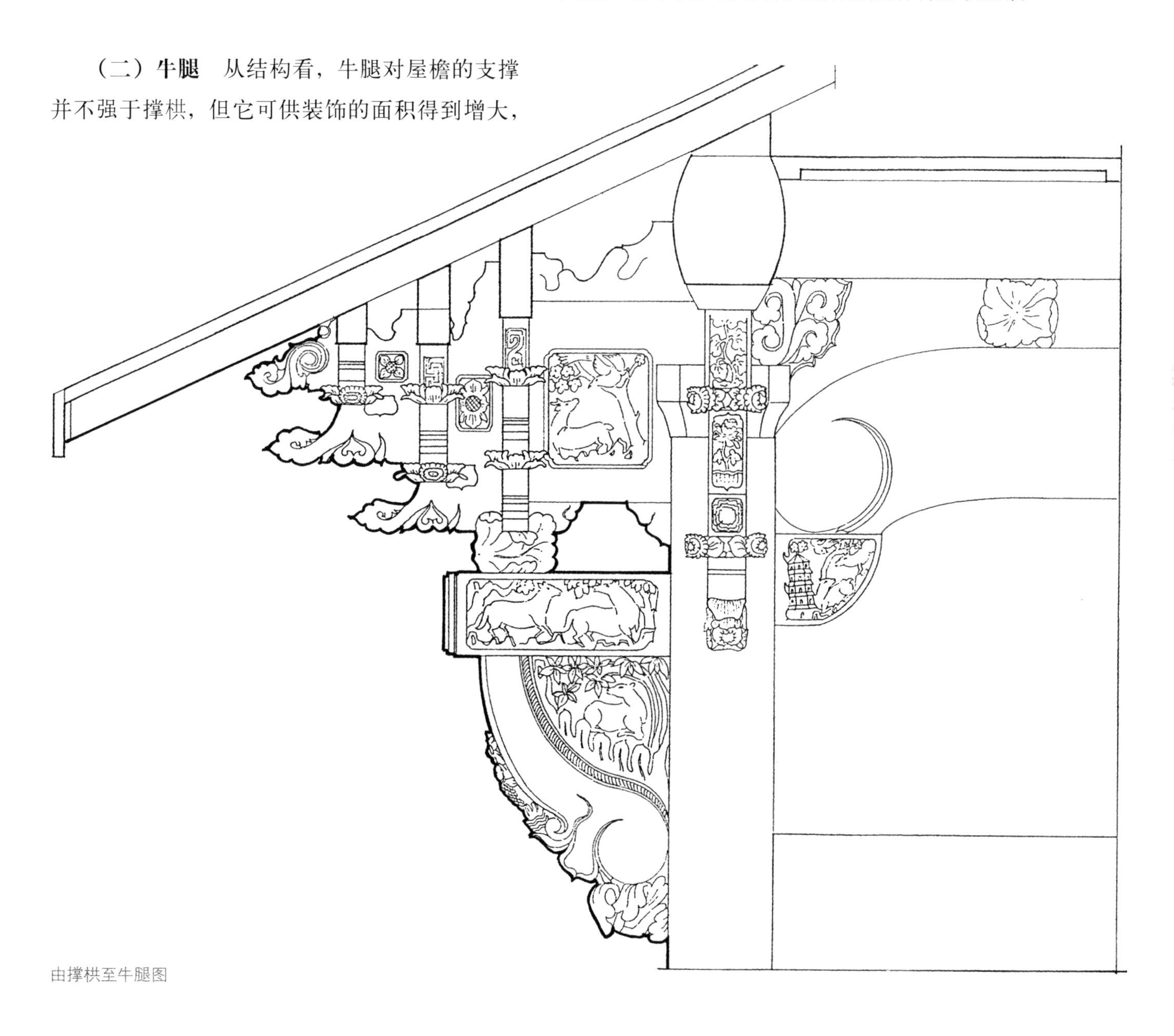

由撑栱至牛腿图

饰，所以在牛腿上经常出现，有的在卷草顶端雕出龙头就变成草龙装饰。也有的把有吉祥意义的灵芝组成牛腿的。

回纹可以自由地拐来拐去，所以又称拐子纹。它们可以单独组合用在牛腿上，但多数是与其他内容相组合。有的回纹中盘卷着植物枝叶；有的与动物组合。浙江农村中一座庙门上的四座牛腿，回纹包围着圆形雕板，上面分别雕着牛、猪、兔等几种动物，这种内容当然只会出现在农村建筑的牛腿上。在浙江兰溪诸葛村祭祀诸葛亮的祠堂牛腿上，在回纹中雕出博古架，架上陈列着尊、壶、瓶、山石盆景等博古器物，以纪念诸葛亮一生的文韬武略。

灵芝形牛腿 (1) (2)

卷草形牛腿图 (1) (2)

回纹牛腿图

浙江建德新叶村文昌阁牛腿图（1）（2）

浙江兰溪诸葛村丞相祠堂牛腿（1）（2）

动物形象的牛腿在各地寺庙、祠堂中经常能见到，其中以象征威武的狮子最多。牛腿上的狮子当然比撑栱上狮子的形象更丰富而细致，狮身仍旧倒立，民间形容狮子形象是“十斤狮子九斤头”，在这里也是，狮子的头部占了很大部分，成了雕刻的重点。性格温驯的鹿也在牛腿上出现，身上有小鹿在吸食母乳，身边立着两只仙鹤，头上雕有荷花与莲蓬，多种具有象征意义的动植物集中表现在一座牛腿上。这种组合形式经常能够见到。浙江一座寺庙厅堂的牛腿上站立着一只细腿长颈的丹顶仙鹤，尖嘴中还叼着小鱼，鹤头上有松枝、石榴，鹤身下附着灵芝，它们象征着吉祥、多子多孙、长寿等多种意义，使牛腿表现出丰富的人文内涵。

动物形牛腿（1）

仙鹤牛腿

动物形牛腿（2）

寿星老牛腿（1）

组合牛腿图

寿星老牛腿（2）

由人物组成的牛腿应该属最复杂的一种，寿星老、文臣、武将都能在牛腿上见到。由于木结构技术的发展，房屋的出檐可以由柱头上方挑出的梁枋承托，牛腿逐渐失去结构上的支撑作用而变成单纯的装饰构件。因此我们可以见到这种由人物、动物组成的牛腿形象越来越丰富，雕刻越来越空透，它们和梁枋头上的斗栱，和月梁头下的梁托等构件组合在一起，成为展现在屋檐下供人们观赏的木雕艺术品。

人物牛腿（1）（2）

这是安放在浙江建德新叶村文昌阁屋檐下的牛腿，左右各一支撑着阁楼的屋檐。文昌阁专门供奉文昌帝君像。文昌帝君主管人间文运，新叶村在村口建造文昌阁是为了激励村人多读书，能够经过科举考试而步入仕途，光宗耀祖。在这一对牛腿上雕的是身着盔甲，手持宝剑的两位武将，身后各有士兵卫护，他们脚踏荷叶礅，头上顶着枋木，枋木上也雕着骑在战马上的正在对杀的多位武将。这些武将出现在阁门上起着保卫文昌帝君的作用。

四、彩画装饰

中国古代的日用家具几乎都是木料制成的，为了保护这些家具的经久耐用，都在它们的表面涂上一层油漆。油漆的种类很多，有一种透明的油料，涂在家具表面起到保护作用但仍能清晰地看到木材本身的肌理与原色。其余有色彩的漆料涂在家具上，完全遮盖了木料表层，家具就漆成了某种色彩。当然也有不做油漆的家具，例如用紫檀木、花梨木、楠木等高质量木材制作的桌、椅、柜、箱等，只将家具表面磨打得平整与光亮。

古代木结构的构件也和木制家具一样，为了保护这些构件尤其是露在室外的门窗、梁枋等构件，也多在它们的表面进行油漆。北京紫禁城主要宫殿的门窗被漆成大红色；南方园林厅堂门窗被漆成褐色或黑色等等。在宫殿室内的一些格扇门，也是像高档家具一样用名贵的紫檀木、花梨木、楠木制成。这些格扇门也很少用油漆，只把木材表面打磨光整，保持木材的原生状态。

房屋木结构中的梁枋不仅数量多而且位置显要，所以不是用雕刻就是用绘画来装饰。安徽歙县有一座祠堂中的宝纶阁，建于明万历年间（1573–1620年），它的梁枋中央自下而上包裹着一块方形的彩绘，上面满布花纹，这种花纹和绸布上花纹相像，实际上相当于把一块方形有花饰的绸布包在梁枋上作为装饰。古籍《史记》中记载有秦朝时期（公元前221–前207年）都城咸阳城宫殿的情况：在咸阳二百里的范围里，建有二百多座大大小小的殿堂，它们之间有甬道相连，

北京紫禁城红门窗（1）（2）

南方园林厅堂门窗（1）

南方园林厅堂门窗（2）

安徽歙县宝纶阁梁架彩画

殿堂内挂着帷帐，放着钟鼓。在殿堂内悬挂帷帐除了分割空间，主要是起装饰作用。应用当时已经能够生产的各种织有花饰的绸布作帷帐，可以把宫殿装饰得高贵而华丽。后来室内的帷帐不用了，但绸布帷帐上的花饰却通过油漆彩画留在梁枋上继续起着装饰作用，这是梁枋上产生彩画的一种推测。这种彩画形如一块方形包袱布包在梁枋中央，所以称“包袱彩画”，在各地建筑上常能见到。不过彩画不再限制在中央，而在梁枋两头也增加彩画以至发展为满布彩画的梁枋，形成中国建筑上的“雕梁画栋”装饰。

各地梁枋上的彩画多数皆以中央称为“枋心”的部分为主，枋心内绘图案，内容十分灵活，有画人物故事的、山水风光的和植物花卉的，等等。在云南丽江的寺庙里，当地的传统东巴文化的文字也被画在枋心里用作装饰。而枋心两边的图案相对固定，这样做，可以使一幢房屋众多梁枋上的装饰既具有多样性，又统一而不凌乱。

中国木结构的建筑发展到清代已经十分成熟，在清朝工部颁行的《工程做法》中将建筑各部分的做法都予以规范化，其中也包括绘制彩画部分，在这里将梁枋上的彩画定为几种标准的样式，分别应用在不同等级的建筑上，这样的规定尽管不能限定在各地建筑上的彩画做法，但在都城建筑，尤其在皇家建筑上确是严格遵守的。按照《工程做法》的规定，清代彩画总体上可分为三种类型，和玺彩画、旋子彩画和苏式彩画。

（一）和玺彩画 这是最高等级的彩画，使用在皇家建筑的主要宫殿上。它的形式是将梁枋分为三部分，中央的枋心为主，约占全长的三分之一，左右两端为箍头，箍头与枋心之间为藻头。和玺彩画的主要特征是在这三部分里都用象征皇帝的龙纹装饰。枋心部分用行进中的“行龙”，两条行龙左右相对，中间有一棵宝珠，构成双龙戏珠的画面；两端箍头内用端坐的“坐龙”；藻头中用龙头朝上或朝下的“升龙”或“降龙”。所有这些龙身和各部分之间的线路都粘贴金铂，在蓝、绿色的底子上，这些金龙闪闪发光，产生一种金碧辉煌的效果。在北京紫禁城的前朝三大殿与后宫的乾清宫外檐梁枋上全部用的是这种和玺彩画。和玺彩画因为宫殿的不同也有几种不同的形式。在紫禁城后宫皇帝与皇后共同的寝宫上，其梁与枋的枋心部分分别用金龙与金凤，枋心用龙，而在藻头内用凤，称龙凤和玺；在次要宫殿上，枋心用龙，藻头用植物花草，称龙草和玺。

各地建筑梁枋彩画（1）（2）

云南丽江寺庙梁枋彩画

金龙和玺彩画

龙凤和玺彩画

龙草和玺彩画

龙草坊心旋子彩画

（二）旋子彩画　它的等级次于和玺彩画。二者在梁枋面上的布局相同，它们的区别主要在于藻头部分不画龙纹而用旋子纹代替，旋子是小的圆形旋涡纹，由多层旋涡组成整圆或半圆形图案画在藻头部位。旋子彩画因为要用在殿堂、宫门、廊屋等各种建筑的梁枋上，所以又分为若干种类。区分的标志之一是看枋心部分所用花饰，按龙、凤、锦纹、植物花卉而至不用花饰的空枋心，依次分出等级。标志之二是看彩画中用金色的多少，凡在旋子花纹和轮廓线路上金色用得越多的等级越高。

（三）苏式彩画　它的特点是枋心变成包袱，这是由南方的包袱彩画演变而成的，只是原来方形的，由下往上包裹梁身的包袱变成了圆形的由上往下包裹梁身的包袱。包袱上画的内容除龙、凤之外，其他山水、人物、禽兽、植物花卉都能见到。此外，在藻头部分也多画的是这类题材。

龙凤坊心旋子彩画

龙锦坊心旋子彩画

一字坊心旋子彩画

因为它的形式与内容都比较活泼多样，所以在园林和住宅建筑的梁枋上多用苏式彩画，包括皇家园林颐和园和园内的厅堂、楼阁、亭榭的梁枋上也多用这种彩画。在有 728 米之长的颐和园长廊上，每一开间的梁枋上虽然都用的是同一形式的苏式彩画，但由于包袱和藻头内所画的内容互不相同，所以总体上十分多彩而富有变化。

在中国建筑的木结构上，用雕刻、彩画进行装饰，这种雕梁画栋的景象增添了建筑艺术的表现力。

北京颐和园长廊苏氏彩画

苏氏彩画（1）（2）

第四章
户牖之艺

一、格扇门

二、墙窗

三、园林建筑门、窗

在中国古代，将门称为户，将窗称为牖，凡建筑皆有门与窗。门供人出入房屋，窗用以采光与通风，这是它们的物质功能。在木结构的房屋上，门与窗皆安装在立柱之间。在合院式的建筑群体中，这些门窗又多集中在房屋面向院子的一面，所以门窗成为建筑主要立面上的主要部分，于是门与窗都成为工匠进行装饰加工的重要部位，使它们除了物质功能外同时具有了艺术功能。现在把房屋上的门、窗主要形态介绍如下。

一、格扇门

格扇门简称格扇，是房屋门中很重要的一种形式，常用在宫殿、寺庙的殿堂上，在讲究的住宅厅堂上也有使用。格扇的基本形式是由木材组成长条形框架，分作上、下两部分，上部为格心，用木条组成格网，用以贴糊纸张、绸绢之类，是用以采光部分；下部为实心裙板。二者之间为绦环板，如果格扇过高，则在上、下两端各加一块绦环板。

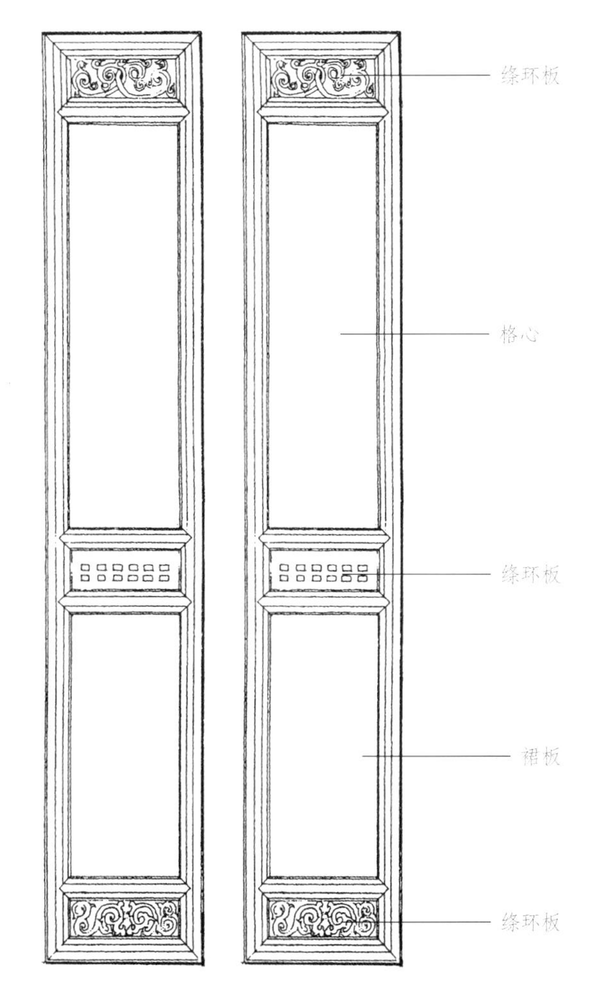

格扇图

房屋门窗图

北京紫禁城太和殿格扇(1)(2)

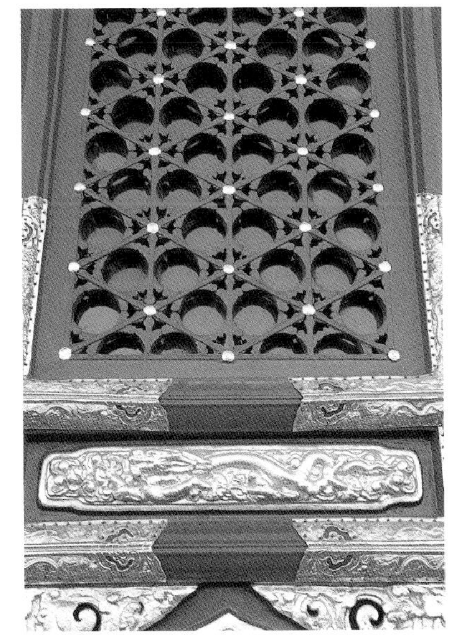

太和殿格扇格心和绦环板

太和殿格扇裙板

太和殿格扇面叶

（一）宫殿格扇 北京紫禁城内的殿堂都用的是格扇门，其中以太和殿、皇极殿等几座大殿的格扇最讲究。格心部分用三条木棂组成的菱花形格眼，在裙板和上下绦环板上都有龙纹装饰。为了使这些瘦而高的格扇门坚固，特别用金属叶片钉在格扇边框的交角处，称为面叶，在这些面叶上也压制出条条龙纹，所以在太和殿的一扇格扇上竟有龙纹 57 条之多。

在紫禁城里，按礼制的要求，这些格扇也应该是分等级的。这种等级分别表现在格心、裙板、绦环板等部分的装饰上。在格心部分，三条木棂组成的菱花以下是用两条木棂组成的菱花，再次为横、竖木棂组成的正方格与斜花格，用木棂组成的步步锦格纹。在裙板、绦环板上由龙纹降为各式如意纹。在面叶上也有龙纹多少之分，同为三大殿之一的保和殿比太和殿低一级，所以在一扇格扇上，它的龙纹装饰降到 40 条。这些因装饰不同而分出等级的格扇分别应用在大小不等的殿堂、侧殿、廊屋、亭榭之上，但是在紫禁城整体色彩的环境下，都用的是大红色和贴金的龙纹和如意纹等装饰，它们与红柱红墙和青绿色的彩画，黄色的琉璃瓦顶共同组成了紫禁城金碧辉煌的建筑群体。

（二）庙堂建筑格扇 庙堂建筑包括佛教、道教、伊斯兰教的宗教寺庙和民间祭奉各类神仙的庙堂。在这些庙堂的殿堂上也多用格扇门。在中国，无论是宗教还是对神明的信仰都很贴近百姓的生活，都很世俗化。这种特征反映在格扇的装饰上，就是它们表现的多为一般百姓熟悉的、具有传统文化的内容。在云南昆明的几座佛寺的

北京紫禁城宫殿格扇等级

云南昆明佛寺格扇的博古架装饰（1）（2）

殿堂上都有成排的格扇。有的在一连四扇格扇的格心部分雕出同样式样的博古架，架上陈列着插着四季花卉的瓶、笔筒、盆景，架下分别雕有琴、棋、书、画的图像。有的在一连六扇格扇的格心部分分别雕出由不同花卉与雀鸟组成的画面，表现出一片鸟语花香的情景。有的把一连六扇格心作为一整幅画面以万字纹作底，雕出一株梅花盛开的梅树，树枝上停息着只只喜鹊，它们有的在鸣叫，有的在对语，梅树间还挺立着青竹，这幅由红梅、青竹、白喜鹊组成的画面，不但形态活泼，而且还表现了梅、竹所具有的象征意义和凭借喜鹊和红梅的谐音所表现的“喜上眉梢”的祈望。值得注意的是当把这六扇格扇分开，则每一块格心又都成为一幅构图完整的，也是由红梅、青竹、白喜鹊所组成的画面，这的确表现了工匠巧妙的构思。有的寺庙在连续的格扇格心板上全部雕的是龙纹，单条龙或双龙翻腾在天空的彩色云朵间，形象十分生动。

在广东佛山祖庙的一座庆真楼殿堂上可以看到具有另一种风格的格扇。庆真楼三开间，立柱间都排立着格扇。中央开间六扇，格心上分别雕着凤凰与牡丹，莲荷与鸳鸯，都是在暗红的万字纹底上用金色的花卉与禽鸟。左右开间分别有四扇格扇，格心上分别雕的是喜鹊与梅花，鸳鸯与莲荷，凤凰与牡丹，雀鸟与石榴，也是在暗红与暗绿万字纹底上用金色突出主题。庆真楼的所有

云南昆明佛寺格扇的花卉、雀鸟装饰（1）（2）（3）（4）

云南昆明佛寺格扇的梅竹、雀鸟装饰

云南昆明佛寺格扇的龙纹装饰

梅、竹雀鸟装饰格扇

格扇上装饰，它们所表现的都是百姓喜闻乐见的传统内容，但是在色彩上用黑色格扇，暗色作底，金色的主题，加上做功上的细腻，形成华丽而不喧闹的地域装饰特色。

（三）**住宅格扇** 在讲究一些的住宅厅堂上也看到格扇门。在山西晋商和安徽徽商家乡的一些住宅上都可以见到它们。山西四合院正房中央开间的四扇格扇，其格心部分用的是在北京紫禁城主要宫殿上用的最高等级的菱花格，在裙板、绦环板上也满布雕饰，在中央两扇格扇外还加了一副门帘架，以备冬季与夏季分别悬挂棉布门帘与竹帘。另一处住宅正房中央开间也是四扇格扇，裙板上雕着卷草与寿字，绦环板上雕着博古器物，一副门帘架也做得很讲究，架上附有精美的雕饰，好似一件木雕艺术品附在门上。

南方安徽徽州一带的住宅用格扇也很讲究，它们的装饰集中在格心部分，但很少见到用宫殿上的菱花格，常见的多为用回纹组成格，在其中

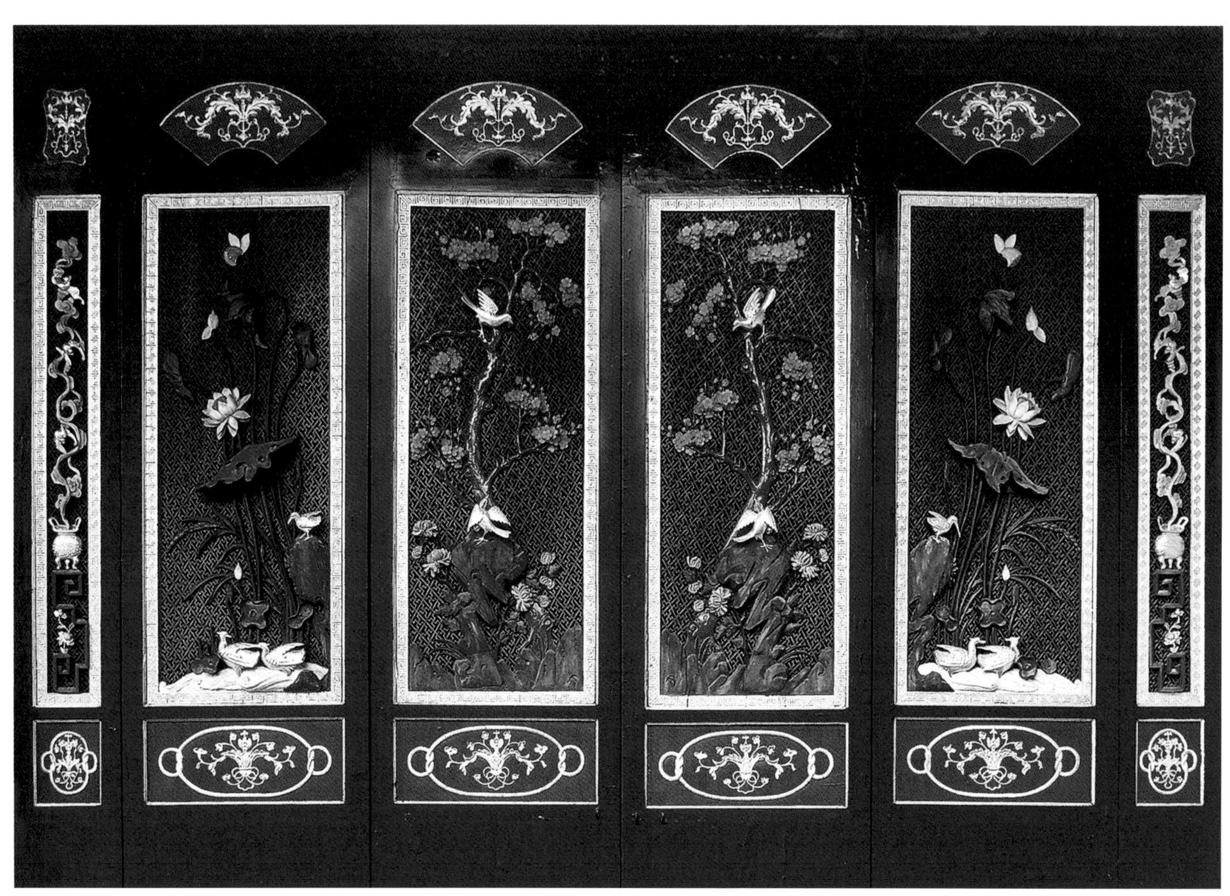

庆真楼次开间格扇

广东佛山祖庙庆真楼中央开间格扇（1）

广东佛山祖庙庆真楼次开间格扇

广东佛山祖庙庆真楼中央开间格扇（2）

山西襄汾丁村住宅格扇图

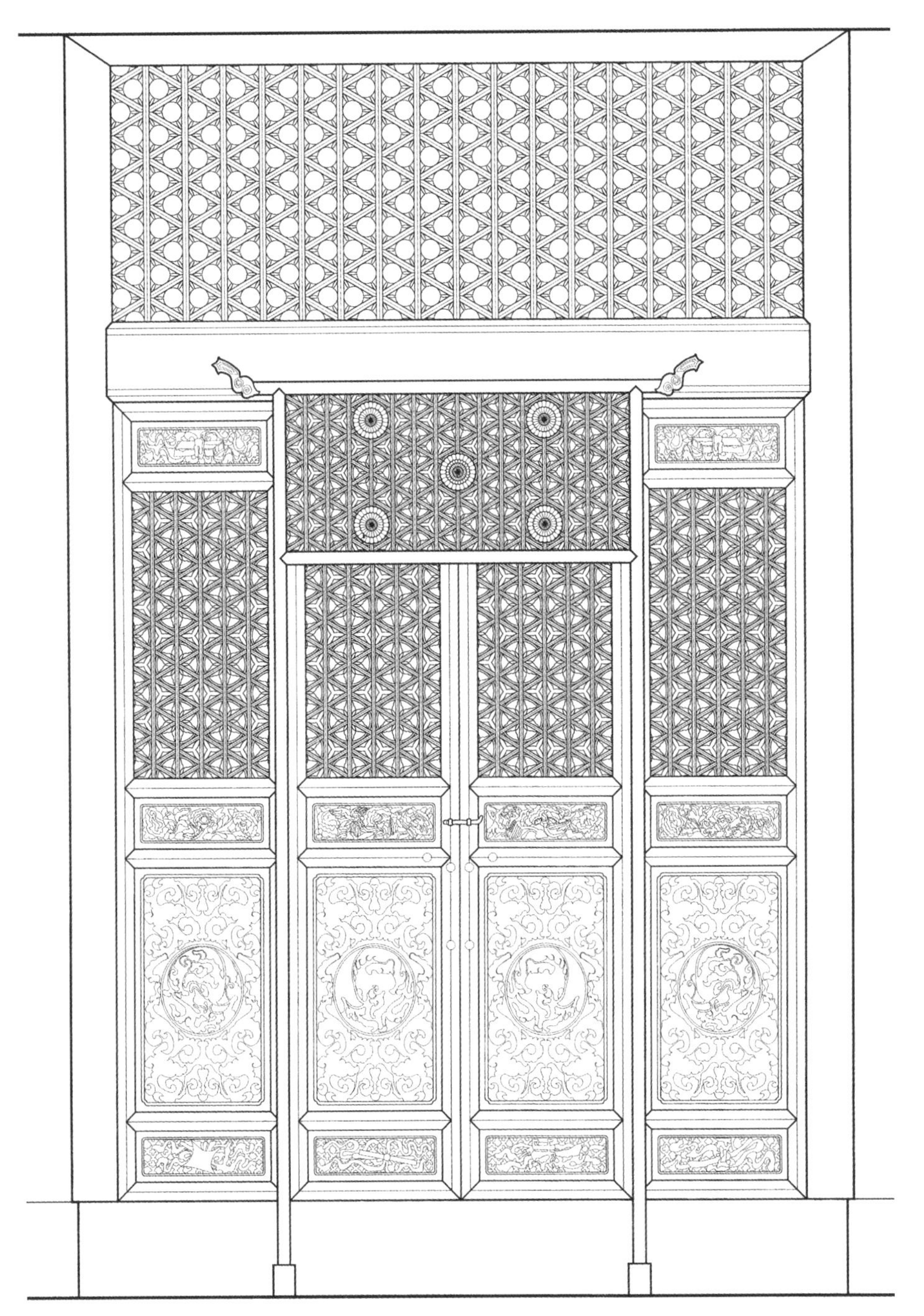

山西沁水西文兴村司马第格扇图

江西婺源延村住宅格扇

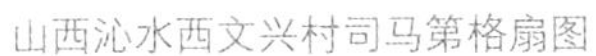

①

②

③

江西婺源延村住宅格扇图（1）（2）（3）

江西婺源延村住宅格扇局部（1）（2）

嵌入雕有动植物、人物的花纹，和万字、佛手、寿桃等具有象征意义的木雕，格扇多保持木材本色，格心上贴糊白色宣纸，看上去比北京住宅的格扇显得清新。

福建地区的一些住宅格扇，其装饰与前面介绍过的砖门头门脸，梁架上木雕一样，表现出同样的复杂而褥重的风格，在格心部分，万字底版上雕着由人物组成的戏曲场面，由龙纹、植物花草组成的图案，它们满布在格心上，使格扇既不通风又不能采光，完全丧失了它们的物质功能，而成为一件单纯的木雕艺术品了。

①

②

福建连城培田村住宅格扇图（1）（2）

二、墙窗

墙窗即开设在建筑墙面上的窗。

（一）山西大院墙窗 山西大院是指山西晋商在自己家乡建造的一批讲究的大型住宅群体。山西自古烧制砖瓦的手工业发达，所以这些大院都是砖墙青瓦，门窗都开设在砖墙上。

这些四合院住宅的正房多为两层，因山西冬季寒冷所以在木结构外沿多砌以较厚的砖墙，墙上窗洞多为圆卷顶的长方形，在木窗框内安装固定的窗扇。窗扇用木棂条组成花纹，常见的有步步锦，灯笼罩和万字纹。由于窗扇内贴糊纱料，到后期又安装了玻璃，所以花格可疏可密。有的还做成有象征意义的花饰，如山西榆次常家庄园一座楼房墙上四扇窗扇上各有一扇形窗框，里面分别有一幅竹、菊、梅、兰的透空木雕，花草生长在堆石上，枝叶上还停息着蝴蝶与喜鹊，画面生动，给这座古老的庭院带来几分生气。

山西晋商大院住宅墙窗（1）

山西四合院多比较狭长，所以厢房多由三至五开间组成，外墙上的门、窗也相应增多，这里的墙窗多呈方形，窗洞设在木结构的枋子下方，矩形窗框内有的分作上下两扇，有的左右分三到四扇，有的上下左右分为四扇，然后在其中划分花格，所以形式多样而富变化。在同一面厢房的墙窗上，多用相同的窗格花纹，但也有一个窗户一个花样的。

山西晋商大院住宅墙窗（2）（3）（4）（5）

山西榆次常家庄园住宅墙窗（1）（2）

榆次常氏家族以经营茶叶起家，经几代努力终成晋商巨贾，所建宅第之大为山西诸晋商大院之首，故被称为常家庄园。常氏以"学而优则贾"为家训，除带领家族子弟经商外，还十分重视族人的文化教育，曾长期自办学堂，一心培养出代代儒商。这种理念不但表现在庄园内住宅与园林相连，楼阁与亭榭相望的布局上，也表现在庄园建筑的装饰上。这墙窗上的竹、菊、梅、兰四幅木雕形如盆景被镶嵌在窗格上，也表现出庄园主人的人生理念。

常家庄园住宅墙窗（1）（2）（3）

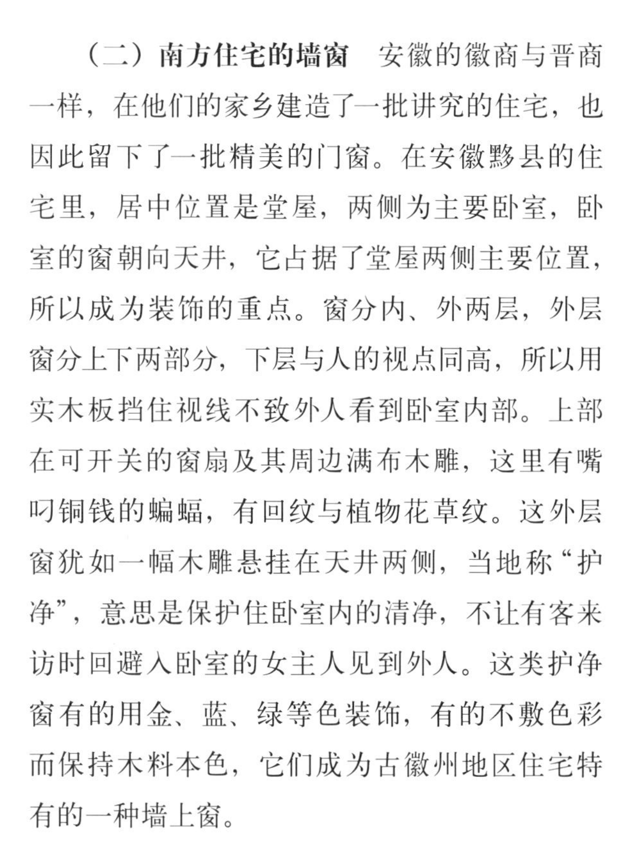

（二）南方住宅的墙窗 安徽的徽商与晋商一样，在他们的家乡建造了一批讲究的住宅，也因此留下了一批精美的门窗。在安徽黟县的住宅里，居中位置是堂屋，两侧为主要卧室，卧室的窗朝向天井，它占据了堂屋两侧主要位置，所以成为装饰的重点。窗分内、外两层，外层窗分上下两部分，下层与人的视点同高，所以用实木板挡住视线不致外人看到卧室内部。上部在可开关的窗扇及其周边满布木雕，这里有嘴叼铜钱的蝙蝠，有回纹与植物花草纹。这外层窗犹如一幅木雕悬挂在天井两侧，当地称“护净”，意思是保护住卧室内的清净，不让有客来访时回避入卧室的女主人见到外人。这类护净窗有的用金、蓝、绿等色装饰，有的不敷色彩而保持木料本色，它们成为古徽州地区住宅特有的一种墙上窗。

山西晋商大院厢房墙窗（1）（2）（3）（4）（5）（6）

山西榆次常家庄园住宅厢房门窗（1）（2）

安徽黟县关麓村住宅卧室窗 (1) (2) (3)

浙江武义俞源村住宅厅堂墙窗图

浙江武义俞源村住宅厅堂墙窗（1）（2）

浙江地区住宅的墙上窗形式更多样。从外形看有方形、长方、扁方形，也有圆形。浙江武义俞源村裕后堂大厅墙上左右各有一外方内圆墙窗，在四角雕有盛开的花朵，圆框内由回纹组成格网，中间嵌以动、植物的雕花，圆中心为用两条草龙组成的福字与禄字。这两扇圆窗从里外两面观赏都具有很强的装饰性。

在各种方形、长方形的墙窗上，分割多种多样，花格纹更不拘一格，有连续的万字纹相连无边际的，有排列整齐的卷草纹的，有回纹间嵌入团花的，总的风格是花格疏密有致，做功比较精巧。

浙江住宅万字纹墙窗图

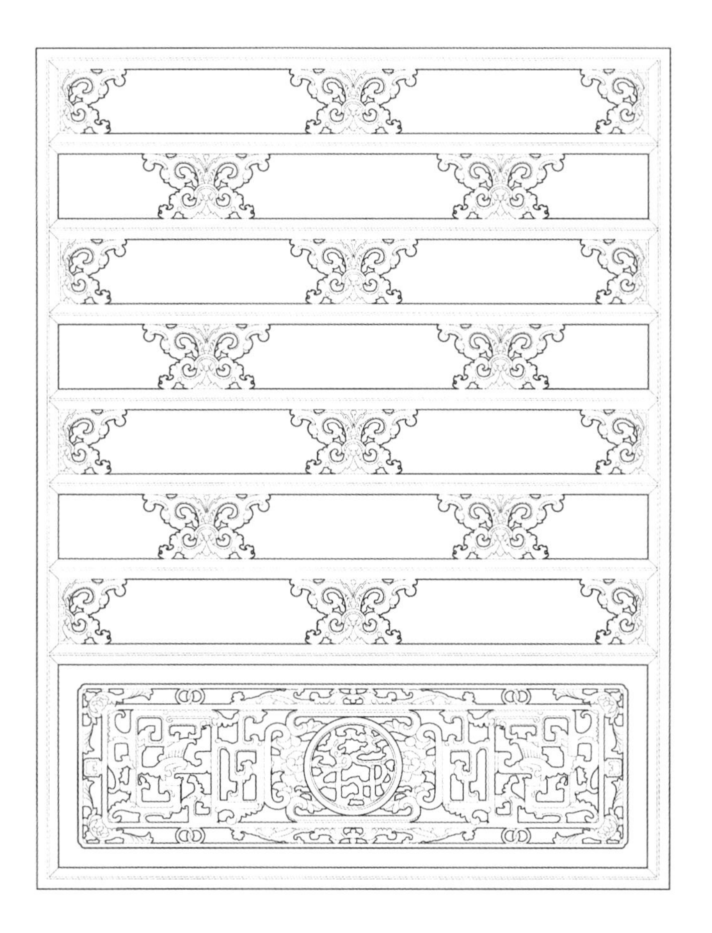

浙江住宅卷草纹墙窗图

浙江住宅格纹墙窗图

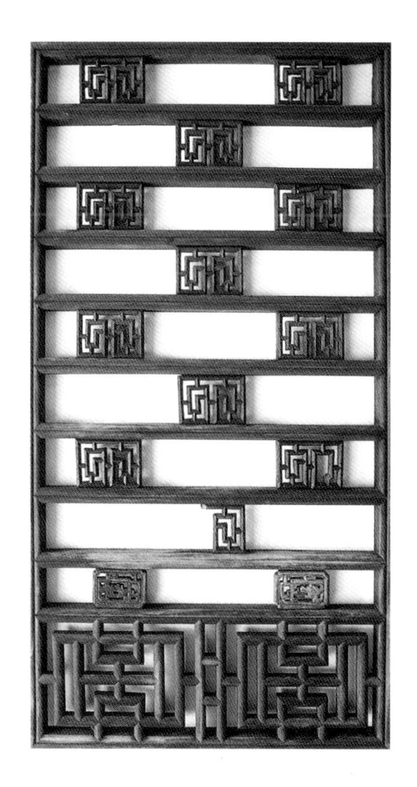

浙江各地住宅窗 (1) (2) (3) (4)

（三）寺庙墙窗 不论是佛寺、道观，它们的建筑群体，从前面的山门至后面的天王殿、大雄宝殿或是三清殿，里面均供奉着不止一尊佛像或道主，有的在两面还有罗汉像，墙上附有壁画或雕塑，所以这些殿堂除在正、背面中央部分开设格扇门之外，大部分均有实墙相围。在这些实墙上常见到墙窗，它们的外形多为圆形，处于殿堂正、背两面左右开间的中央部位。浙江杭州灵隐寺大雄宝殿和上海龙华寺大雄宝殿的正面均有这样的墙窗。窗呈圆形，沿边有一圈雕有卷草纹的砖框，框内有砖雕的花饰，每个墙窗不相同，有在云朵和牡丹花中展翅飞翔的长尾凤鸟，有蟠龙戏珠的，有母子象的，有鲤鱼跳龙门的。窗心与边框全部用青砖雕作，布局很密，这些墙窗实际上并没有采光、通气作用，它们在黄色墙体的衬托下成为专门的装饰了。浙江普陀山法雨寺圆通殿的山墙上设一圆形墙窗，白色窗框中有一幅六只蝙蝠围着中心团花的木雕，大红色的木雕在大片黄墙中心，具有很强的装饰效果。上海玉佛寺殿堂上的墙窗边框为砖雕卷草纹，中心为灰塑的贮立于花叶中的长尾凤，头上还飘着浮云。绿叶、粉花和五彩的凤鸟使墙窗更具装饰性。

上海龙华寺大殿墙窗（1）（2）（3）（4）

浙江杭州灵隐寺大殿墙窗（1）（2）

浙江普陀山法雨寺圆通殿墙窗

上海玉佛寺大殿墙窗

三、园林建筑门、窗

中国古代园林属自然山水型园林，工匠应用山、水、植物、建筑这四大造园要素，通过布局，组合成使人赏心悦目的不同景观，其中建筑的门与窗也成为造景中的要素，因此园林建筑的门窗除了它们供人们出入房屋，通风、采光的功能之外，还兼有组景和观景的作用。

苏州园林厅堂墙窗（1）

（一）房屋门、窗 园林中的厅堂为主人待客、聚会的场所，往往处于园林中心地位，四周皆有可观景色，所以这些厅堂的格扇多不设实心裙板与绦环板，格心部分的条格多很稀疏，装上玻璃，从上到下十分透明，使厅堂内能够观赏到四面景观，从而使人与建筑皆融入山水环境之中。除格扇之外，厅堂还设有墙窗，这类墙窗的特点是窗上条格稀疏，大部分都在四周有一圈格纹，而中央空白不做条格以便观赏厅外之景。有的甚

苏州园林厅堂墙窗（2）

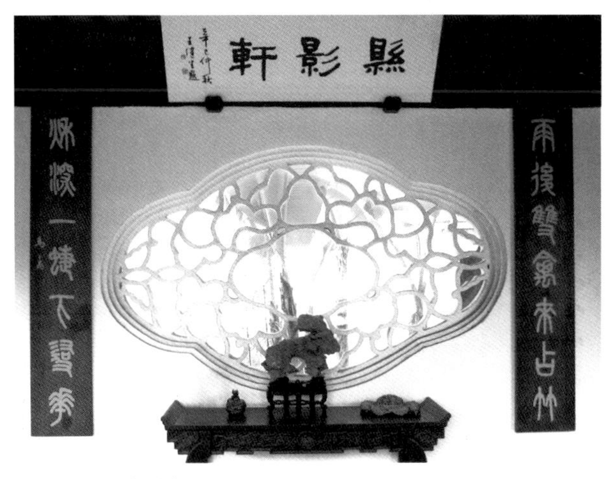

苏州园林厅堂墙窗（1）（2）

江苏苏州拙政园远香堂格扇

苏州留园建筑墙窗

至窗内不设任何格纹而只有一个窗框,称“空窗”。空窗外面或堆石或青竹、芭蕉花木组合成景，主人在空窗两侧挂对联，窗上方设横匾，真把窗框作为画框，将窗外景色称作“窗画”。只是这种窗画随一年四季,随晴、雨、雪的不同天气而变化,它比普通的绘画更丰富而生动。

（二）亭门窗 古人称：亭者停也，人停在其中休息之所。亭的特征是体量不大，形态自由，平面可方、可圆，亦可六角、八角形，四周开敞，可有门窗，也可不设门窗，只在柱间设坐凳以供休息。此类亭因形态活泼，本身即成一景，人在亭中又可观赏四周景观，它既成景又得景，所以成为园林中不可缺少的建筑，无论南方北方的私家园林与皇家园林，可以说无园不设亭。江苏扬州瘦西湖畔有一座方形的亭，取名“吹台”，清乾隆皇帝下江南时曾经在这里钓过鱼。方亭位于伸入湖水中的一处半岛的顶端，迎面的一面不设门窗，其余面向湖水的三面均设墙并在墙上开设圆形门洞，当人们走进方亭透过迎面两个门洞，可以看到由湖中五亭桥和远处白色喇嘛塔组成的完整画面。古人将这种由门框组成的景观称“框景”，也称“门画”。江苏苏州拙政园位于土山坡上的绣绮亭，长方形的亭，面宽三开间，正面的中央开间开敞供出入，背面中央开间设墙，墙上开设长方形空窗，其余的柱间均设栏杆，当游人步入亭中，迎面的空窗即成为一幅风景画，画中的树木花草随季节而呈现出不同的景观。

（三）院墙门窗 这里讲的院墙并非园林外围之墙，而是指园内分割空间的院墙。中国古代人工造园是要在有限的范围内营造出具有自然山水环境之美的空间。为了使有限的空间能够容纳众多的景点，造园者往往采用分割的办法，即应用堆石山、建空廊、设院墙将有限的空间分割为曲折相连相通的小空间以达到延伸观赏行程的

江苏扬州瘦西湖吹台亭

江苏苏州拙政园绣绮亭

南方园林圆洞门（1）（2）

目的。因此这类院中之墙墙体不能高大，墙上需开院门以通里外，需设墙窗使墙内外的空间相通，隔而不断。

先看院墙之门。院墙都在园内，所以门洞均不设门扇。院门均在游览行程中，所以本身即为一景，形态要美。院墙门有圆形、长方形，亦有呈椭圆、葫芦、秋叶形的。门的边缘均用细砖镶边，表面打磨光洁，接缝严实，相连而成门框。有的还在框上做出线脚，近观十分细致。此类院墙门设置地点既便于游人游览，又需要有利于观景，使游人通过门洞能看到独特景观。近处一堆石、一丛竹，远处花树、楼阁最好通过门框能够成为一幅“门画”与“框景”。所以有的在门洞上嵌有砖雕门匾，书刻出“枇杷园”、“晚翠”等题名以增加此处门画、框景之意境。

再看院墙上的窗，这里的窗与房屋上的窗不同，它不需要有采光与通风的功能，它的功能一是沟通院墙两边的空间，使它们隔而不断，相互流通，二是通过窗洞观景。从外形上看有方有六角、八角，从窗上装饰上看，多用砖条、瓦片组

苏州园林院墙门（1）（2）（3）（4）

苏州留园院墙漏窗

苏州园林院墙窗（1）（2）

成曲折多变的格纹，这种格纹在同一面院墙并列的窗上都很少有相同的。有的还追求花纹的奇特，应用铁片弯成花样再在铁片上抹白灰成型的。因为这类窗上满布透空花纹所以称“花窗”或“漏窗”。花窗四周也有砖边框，或用青砖，或用浅褐色砖，把白色的花格与白粉墙区分开。一座花窗也是一幅装饰，它们并列在院墙上，本身就是园林一景。有时院墙紧邻园林外墙，在两墙之间植芭蕉、青竹与花树，通过花窗望去，真不知园林边缘近在咫尺，起到扩大和延伸园林空间的作用。如果院墙内外有佳景可观的，也可在墙上开设空窗，形成园林中一幅幅有变化的窗画。在中国古代造园中，聪明的工匠把普通的门与窗也拿来做造景的手段了。

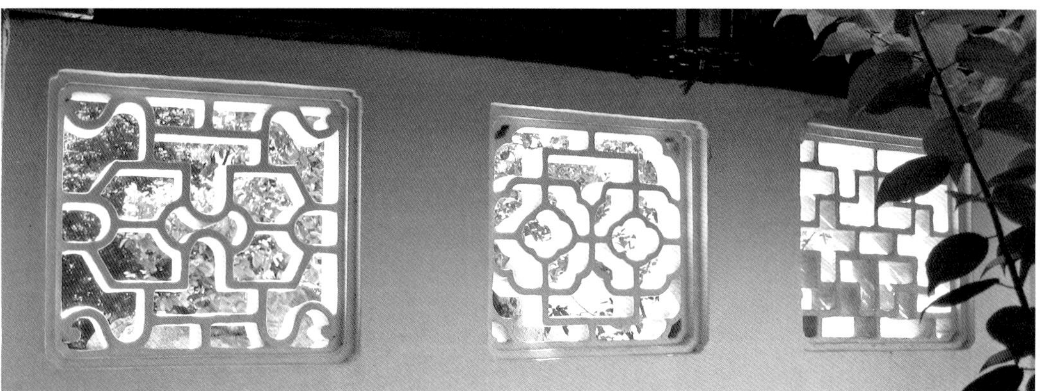

苏州园林院墙花窗（1）（2）

第五章
台基雕作

台基是房屋下面的基座部分。考古学家在我国发掘的早期人类生活的聚落中，发现房屋，尤其是居住房屋多建造在高地上，一方面可以防止洪水的袭击，同时高地土质比较干燥，有利于木柱子的保护。当自然环境不具备这种高地，人们也会在平地上堆筑高台，将房屋建造在台地上，久而久之，这土台就变成房屋不可分割的一个部分，即台基，形成了由屋顶、屋身和台基三部分组成的中国古代建筑。

除房屋外，在室内的佛像，室外的狮子、日晷等陈列物的下面也有基座部分，它们也可归入台基类。还有一些祭祀用的露台、房屋前的月台等，它们本身就是一座基座。

一、台基的形式与装饰

（一）台基形式　台基的形式最初只是用土堆筑的平台，为了保持坚固与持久，发展到用砖、石料包筑在台基的外表。在各地建筑的实例中，台基最常见的形式是须弥座。须弥为佛教中的山名，佛教将圣山称须弥山，是佛端坐之山，佛坐圣山之上更显神圣与崇高，所以佛像下的基座即称为须弥座。须弥座最初传至中国是什么样式，目前尚未见过。在宋朝颁布的《营造法式》中刊登了两幅“殿阶基”的图和文字说明，殿阶基就是殿堂类大型建筑的台基，所以这殿阶基图应该是宋代殿堂的须弥座式样。可以清楚地看出，须

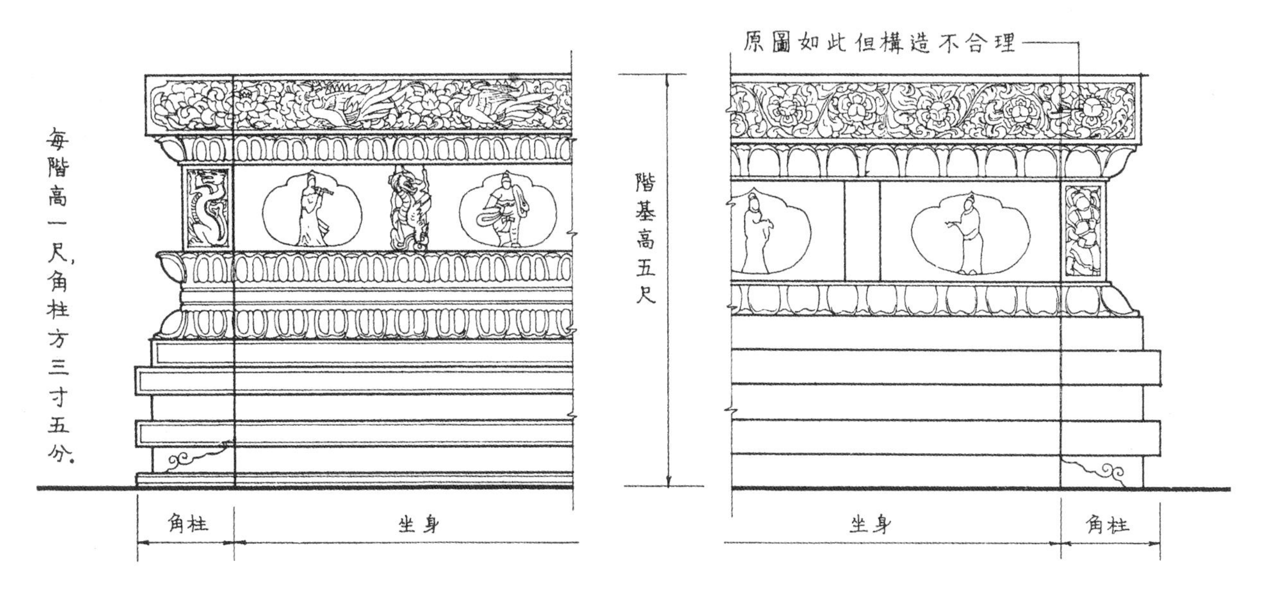

宋《营造法式》殿阶基图

清式台基图

弥座有上枋与下枋，中间为缩进去的束腰部分，下枋部分是由儿层枋子相叠而成。1934年，建筑学家梁思成根据清工部《工程做法》的有关规定与清代实例，绘制出清代须弥座的标准形式。这种须弥座比宋代时期的基座更简洁，自上而下是上枋、束腰、下枋、圭角，在上、下枋与束腰之间用上枭与下枭连接，各部分的高低都有一定的比例关系。这种定型了的须弥座被广泛地应用在各类建筑和月台、祭台、狮子座上。

建筑有类别与大小之分，它们的台基也相应地有高低之分。在封建社

清代台基

北京紫禁城前朝三大殿台基

北京颐和园五方阁铜亭台基

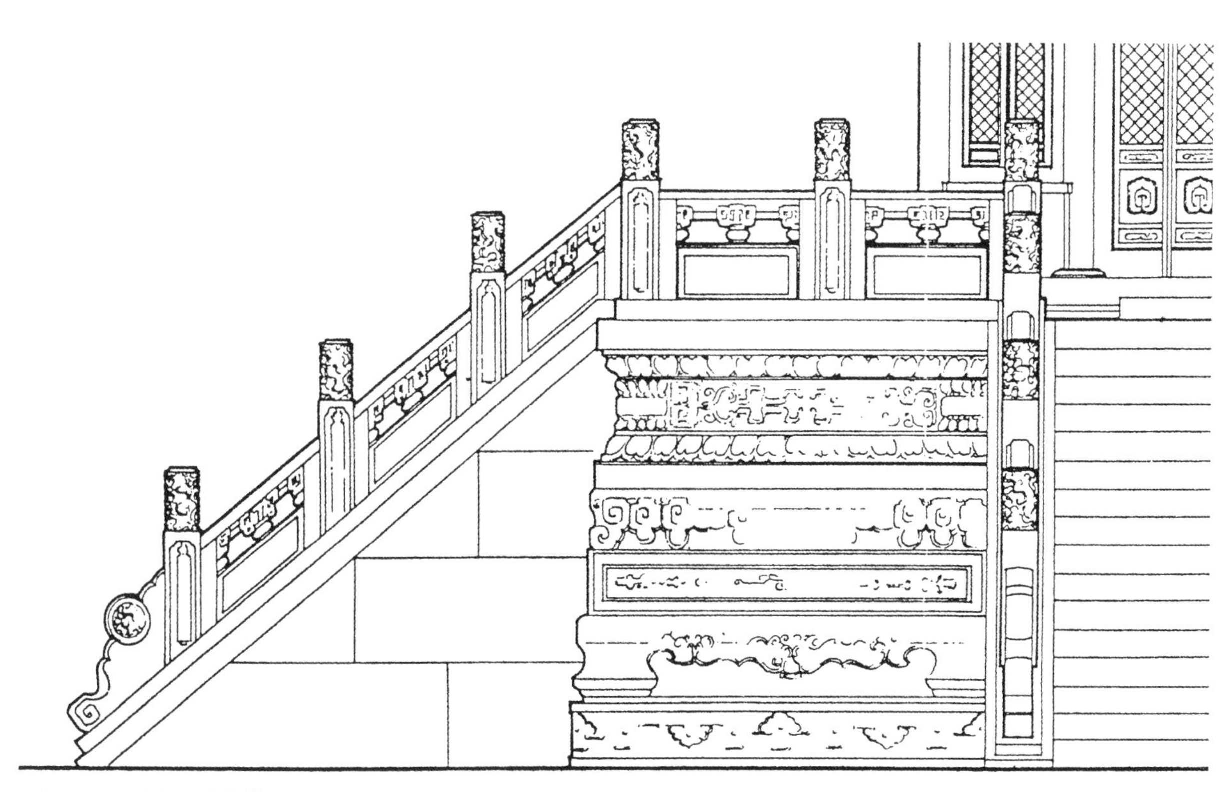

北京颐和园五方阁铜亭台基图

会的礼制中强调以大为贵，以高为贵，所以重要的建筑都要放在高高的台基上。北京紫禁城前朝三大殿被安放在三层石台基之上，共高达 8 米多，下面第一层即高 3 米，如果按清式须弥座的比例关系，则各部分的尺寸必然显得很大，工匠巧妙地在须弥座的主要部分上枋和下枋上各加了一道线条，将它们都一分为二，从而使这基座既保持了原有的高大形象，又避免了局部的粗笨感。在北京颐和园五方阁建筑群有一座铜亭，亭位居建筑群中心，为了突出它的形象，亭下面的台基也很高，但铜亭体量不大，如果也按紫禁城三大殿台基的做法，则宏伟高大的基座与座上精致的铜亭不相匹配。在这里，工匠采用了另一种办法，即把高台上下一分为二，上面部分做成一座完整的须弥座，下面部分用两层枋子中夹一层圭角，它们好比是上面须弥座下的一层基座。从而使基座既保持了高度，但座上的每一部分尺寸都不大，与上面的铜亭正相匹配。北京紫禁城内的日晷面积不大，但很瘦高，在这里工匠把须弥座的束腰部分变成一只宝瓶，细而高的宝瓶解决了须弥座的高度。

基座也有很低的。宫殿、寺庙里的铜香炉，为了便于使用，所以它们的基座很低。常见的做法是把须弥座的束腰部分压低，甚至取消，让上下枋直接相叠，有的连下枋也取消，让上枋与圭角部分相连。这样的基座只能说是应用了须弥座的少量部件，已经失去须弥座的基本形态。不论是加高或压低的基座，都是古代工匠对传统须弥座形式的变异处理。

北京紫禁城日晷基座

紫禁城香炉基座 (1) (2)

河北正定隆兴寺大悲阁佛座角神

须弥座角神

（二）台基装饰 用石料包砌在表面的基座当然少不了用石雕作装饰。宋代《营造法式》的殿阶基雕饰集中在上枋和束腰部分。上枋雕的是连续卷草纹，上、下枋与束腰间用仰、覆莲花瓣；束腰面积较大，所以雕饰也比较多。常见的是在基座的角上用束柱。河北正定隆兴寺大悲阁中佛像的基座为宋代遗存，在基座的四角上各雕有一人物，他们双腿跪地，用肩扛着上枋，人物龇牙咧嘴，肌肉起突，全身显用力状，故称“力士”或“角神”。有的基座四角用狮子顶撑，则称“角兽”。束腰上另一常见装饰为“壶

须弥座角兽

须弥座束腰壶门装饰

山西长子县法兴寺佛座

门”，“壸”音“kun”，形状为凹入束腰壁面的小龛，壸门内多有动物、人物形象，山西长子县法兴寺佛座的壸门内雕的是象征佛教的莲花。

标准的清式须弥座上的雕饰也比较简洁，上、下枋有卷草纹；与束腰连接部分为仰覆莲瓣；束腰的拐角用束柱，柱后为一段绶带纹，如果基座很长，则在中段再加一段绶带；柱角只在拐角处用回纹装饰。这种规范化了的装饰在宫殿、寺庙、园林的建筑基座上都能见到，只是它们有深雕与浅雕之别。清代的基座也有特殊装饰的。北京西黄寺金刚宝座塔是为纪念西藏活佛班禅六世晋京而建的佛塔。佛塔基座用须弥座的形式，从上枋、束腰至下枋、圭角满布石雕。上枋表面用突起的动物、花朵代替浅平的卷草纹；翻卷的云纹代替了上枭部分的仰莲；明显增高了的束腰部分用金刚作角神，壁身上雕着释迦牟尼佛八相成道本生的故事；连底下的圭角也满雕卷草纹。一座佛塔基座变成了佛教艺术的雕刻作品。

清代须弥座装饰（1）（2）

北京西黄寺金刚宝座塔须弥座

二、台基栏杆

如果台基较高，为了安全，四周需加设栏杆以防止行人跌落。最初的台基栏杆为木料制作，用木柱插立地面，柱间连以横木，古时称纵木为杆，横木为栏，故称栏杆。但是露天的木栏杆经不起日晒、雨淋，很容易损坏，所以逐渐为石栏杆替代。

（一）栏杆形式 台基四周的石栏杆既从木栏杆演变而来，所以不免仍保留着原来的形式。宋代《营造法式》中的钩阑（即栏杆）图说明了这种状况。石柱立于台基上，柱间用石栏杆相连。栏板上保留了蜀柱、华板等木栏杆的形式。与木栏杆不同的是石料的横向栏木不能过长，也就是栏杆柱的间距比木栏杆缩短了。其二是柱子与栏杆板上可以用石雕进行装饰。这类形同木栏杆形式的石栏杆在各地陵墓、住宅里还能见到。

清式石栏杆在形式上有了改进。改进之一是两根石柱之间的距离缩短，其间不需要用长条的石栏；其二是将石栏杆与栏板连为一整块石料，只在上边凿出石栏的形式，栏板上也不保留蜀柱

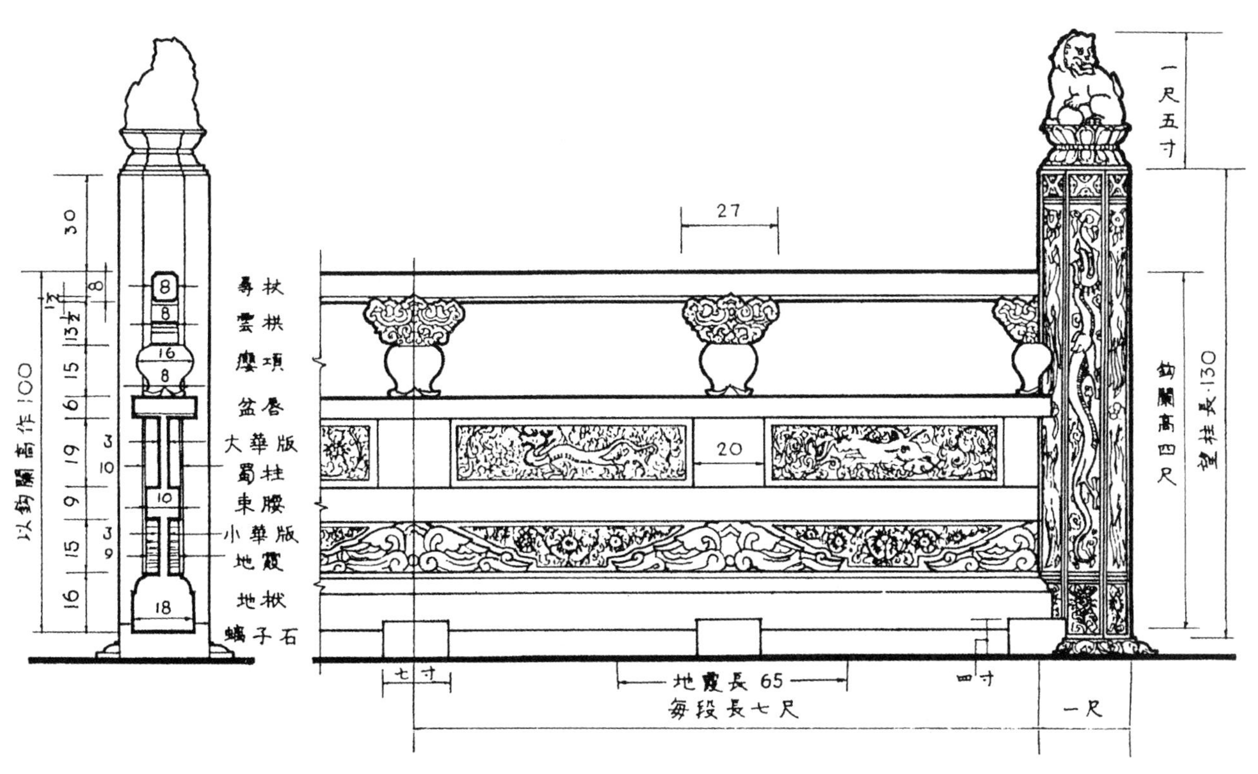

宋《营造法式》栏杆图

辽宁沈阳清皇陵石栏杆（1）（2）

与华板的式样。在安徽歙县的一座祠堂内看到一种形式更为简洁的石栏杆。两根石柱之间安一整块石板，既无凿空的石栏，更无栏板上的蜀柱与华板。栏板上雕有各种花饰。还有一种石栏杆完全不用石柱，只将一块块石板相连而成栏杆。石料终于抛弃了木栏杆的形式而寻找到了适合本身特点的形态。当然这诸种形式的石栏杆并非随历史的发展而消失，它们在各地不同的建筑台基上仍继续存在和被沿用。

北京紫禁城御花园清式石栏杆

安徽祠堂石栏杆

北京石桥栏杆

北京紫禁城石栏杆龙柱头

北京紫禁城石栏杆凤柱头

（二）栏杆装饰　从各地不同建筑的实例看，石栏杆上的装饰多集中在栏杆柱与栏板这两个部位上，而立柱的装饰又多表现在柱头上。北京紫禁城的大大小小殿堂台基周围多设有石栏杆，试看它们柱子上的柱头，在帝王上朝诸殿四周，柱头上雕的是龙纹，神龙盘卷于祥云间，在栏杆上排列成行。在皇帝、皇后共居的殿堂四周，柱头雕的是龙与凤，它们分别雕在柱头上，一龙一凤交替排列。在御花园和一些次要建筑的栏杆柱头上雕的是狮子、如意、二十四节气、莲瓣、竹节纹等等。有的单独雕刻，有的相互组合，如莲座上加二十四节气纹，加如意纹，狮子蹲在莲座上等。可见栏杆柱头上的雕刻内容也是随建筑的性质和环境而改变的。

北京紫禁城石栏杆狮子柱头

① ② ③ ④ ⑤ ⑥

北京紫禁城石栏杆望柱头（1）（2）（3）（4）（5）（6）

栏杆望柱头为石栏杆最显眼部分，也是装饰的重要部位。在紫禁城御花园、宁寿宫花园等园林区内，凡亭、台、楼、阁诸类建筑台基上的石栏杆望柱头为了与四周园林环境协调，多不用龙、凤纹而采用植物花草等题材作装饰。这里有葫芦宝瓶形状的，由莲花座上加云气纹，荷叶礅上开莲花等纹样组成。这里也有呈方形柱头的，柱头上用花瓣、如意、竹节纹装饰。这些柱头分别用在不同的建筑石栏杆上，在统一中又富变化之趣。

北京紫禁城钦安殿石栏杆

北京紫禁城御花园竹纹石栏杆

清代定东陵大殿龙凤纹石栏杆

栏板上雕刻也与柱头一样。随建筑而变化。紫禁城钦安殿台基栏板上雕的是龙纹，二龙一前一后，相互追逐，突出的双龙在四周用卷草纹边框相围，形成一幅完整的石雕作品。在御花园里也见到雕着竹纹的栏板。在清东陵菩陀峪定东陵大殿的栏板上出现一种特殊的石雕，内容是凤在前，龙在后。菩陀峪定东陵是清代慈禧太后的陵墓，慈禧两朝听政，权力大于帝王，所以在她的陵墓里出现了这种象征皇帝的龙在追逐象征皇后的凤的石刻。这段清代特殊的历史也反映在一块小小的栏板上。

在宫殿建筑台基四周的栏杆与基座之间可以见到一种兽头形的特殊构件，称“螭首”。传说螭为无角之龙，也应为一种神兽，它的头部经常被用作装饰，列为龙生九子之一。螭首的位置在栏杆柱下与基座上枋垂直相交，兽头挑伸

北京紫禁城石栏杆螭首

螭为古代传说中无角的龙。其头部称"螭首"常用于装饰，在古钟、鼎、印章上常见它的形象。在重要的石栏杆上，石雕的螭首用在栏杆望柱之下，螭首嘴上开有小孔直通台基面上作排泄积水用。因为螭首只有龙的头部，形象不完整，所以只能作为龙的家族，与屋顶上的正吻、小兽等并列为龙子之一，因为有排水作用，所以赋以"好水"的性格。

北京紫禁城太和殿台基上螭首（1）

于外，嘴部开一小口儿直通基座面上，它的功能为排泄积于台基上的雨水。一根石柱子下一只螭首，它们排列在台基四周，仿佛是镶嵌在基座上的一圈宝珠。

各地各类建筑石栏杆栏板上的雕饰形式多样。安徽歙县罗氏宗祠的石栏板上有雕出整幅山水风光景象的，远山、近水，岸上的楼阁、牌坊，水中的篷船，建在水上的长堤、拱桥，连坐在船篷中的人物、船尾的船工都刻画得清晰入微。在另一种栏板上用很浅的浮雕雕出麒麟等动物和植物花卉的形象。这些栏板和这地区的砖雕门头一样，表现出一种简洁、细腻的风格。山西晋商大院的石栏杆也喜用雕刻装饰。在山西榆次常家庄园里，月台上一排石栏杆的栏板都雕着用回纹组成的图案，中央分别雕有福字、禄字、寿桃、蝙

北京紫禁城太和殿台基上螭首（2）

安徽歙县罗氏宗祠山水风景石栏杆装饰（1）（2）

安徽歙县罗氏宗祠动物、植物装饰石栏板（1）（2）

蝠等，在统一中又富变化，由于当地的石质关系，纹饰皆较粗大，用突起的深雕。在另一处渠家大院里，为了显示主人的富有，不但把石板做成木栏板的形式，而且在每一根石柱的柱身上都满雕花饰，起伏很大的厅堂、人物、盆景、花篮等均排列在柱子上。这种雕刻装饰表现出一种粗放的风格。广东广州的陈家祠堂以集建筑装饰之大成而著称，祠堂内主要厅堂的台基上都有石栏杆相围。这里的石栏杆可以说从上到下都满布石雕，而且是用起突很大的高雕，内容有龙、凤凰、蝙蝠、人物、植物花草等。这样的栏杆和祠堂内其他的砖雕、木雕、屋脊上的陶塑、泥塑装饰汇集在一起固然表现出了广东陈氏家族的财势，但却使人感到杂乱而褥重。

山西榆次常家庄园月台石栏杆装饰（1）（2）（3）（4）

山西祁县渠家大院石栏杆

山西祁县渠家大院石栏杆柱雕饰（1）（2）（3）（4）

广东广州陈家祠堂石栏杆（1）（2）

三、台阶踏步

台阶踏步是上下台基的通道，它们的位置是在正对台基上建筑大门的前方。如果建筑兼有前门与后门，则台基前后均设台阶。台阶的大小随建筑而定，台阶踏步的多少随台基高度而设。

（一）台阶踏步　北京紫禁城太和殿前的台阶应该是规模最大的，面对太和殿的是中央的御道和两侧的台阶道，它们相互隔开。御道是皇帝上下台基的专用台阶，两侧台阶供文武百官使用。御道又分三部分，中央是没有踏步的一块长石，石面上雕着九条龙，两侧部分有踏步，踏步供人行走，所以表面均不做雕饰，但在这里，踏步表面也满布龙纹等雕饰。皇帝当然不是步行上下台基，而是坐在轿子里由轿夫抬着走两侧的踏步经中央御道悬空而上下。保和殿北面也有这样一条御道台阶，中央那块石料宽 3 米，长 17 米，重达 200 余吨，是紫禁城内最大的石料，当年经数百人力与兽力方将巨大的石料从河北曲阳运到现

北京紫禁城太和殿前大台阶

北京紫禁城保和殿后御道

御道两侧的台阶踏步

清代皇陵大殿龙凤雕饰的御道

北京天坛祈年殿台基御道

清代定东陵大殿龙追凤御道

场，经石匠日夜加工而成御道石。明、清两代一年四季，皇帝来太和殿上大朝的次数不多，所以这种满布雕饰的御道它的装饰作用超过它的物质功能。在其他皇陵、皇家园林、天坛、太庙等皇帝经堂去的地方，主要殿堂的台基上也设有御道，御道石上也雕有龙纹，只是没有九条之多。在紫禁城内皇帝、皇后共用的宫殿台阶御道上雕的是龙与凤，龙在上，凤在下，或龙凤并列。但在慈禧太后陵墓清定东陵的大殿台阶上，和前面介绍的大殿栏杆板上的石雕一样，出现了凤在上、龙在下的龙追凤的场面。

（二）**台阶栏杆**　台基越高，台阶越陡，于是在台阶踏步的两侧需设栏杆保护。这里的栏杆因与台基周围栏杆相连，所以在形式和装饰上两者相同或在装饰细部上有变化但保持风格上的一致。不同的是台阶栏杆是斜立的，处于最下端的栏板因受到上面栏杆的推力而需要有一种构件予以固定。这种构件常见的形式是一只圆鼓上下有卷草或回纹围抱，故称抱鼓石，它固定在台阶栏杆的最下端。这种抱鼓石也因石鼓的大小，四周卷草、回纹的形态和表面的雕饰不同而呈现出多样形式。

有石栏杆的台阶

台阶栏杆的抱鼓石（1）（2）

台基垂带上的狮子装饰（1）（2）

台基垂带上的龙装饰（1）

如果台基不高，台阶平缓，则在台阶两侧不安栏杆而只有一条斜置的石板作边，称“垂带石”。在各地寺庙、祠堂里，可以见到对这种垂带石也加以装饰的。有的在垂带石上加大小圆鼓相连，圆鼓上趴伏着小狮子；有的用回纹组成阶台，台上有狮子在相互戏耍；甚至有的在垂带石上雕出一条横卧的神龙。这种不受礼制约束的，自由的构思和创造，充分显示出各地工匠的智慧。这种台阶多位于寺庙、祠堂殿堂的前方，组成为庭院中十分醒目的石雕装饰，它们虽没有御道石那么严整，但却显得生动活泼。

台基垂带上的龙装饰（2）

索 引

概 论

第一章

第二章

第三章

第四章

第五章

后　记

建筑，除少数纪念碑之类的以外，皆有物质与艺术的双重功能。为了表现建筑的艺术性，除了建筑形体的塑造外，大都依靠建筑的装饰。在长期的教学与科研中，我始终对中国古代建筑的装饰情有独钟，并注意收集这方面的资料。在讲授“中国古建筑装饰”课程的基础上，我于1998年编写了《中国传统建筑装饰》（中国建筑工业出版社出版）一书。1990年以后，我的研究重点转向乡土建筑，在调查各地古村落的过程中，发现乡土建筑的装饰无论在形式还是内容上，都比城市建筑更为丰富多彩。于是，2006年又编写了《乡土建筑装饰艺术》（中国建筑工业出版社出版）一书。

2011年，中国建筑工业出版社副总编辑张惠珍先生就出书的事与我磋商：随着中国经济建设的快速发展，中国综合国力的不断提升，想了解中国、走进中国的国际友人越来越多。近年来，国务院新闻办和新闻出版总署对中国图书“走出去”又有了新举措，并加大了政策的扶持力度。中国建筑工业出版社领悟其精神，正筹划编撰一套适合国际图书市场、适合世界读者阅读的外语版的有关中国建筑文化方面的系列图书（约10–12卷）。张惠珍先生特邀我撰写其中关于建筑装饰的卷册。经考虑，我认为这件事非常有意义，值得做。中国房屋的屋顶、梁架、墙体、门窗、台基，建筑的各部位无一没有装饰。木雕、砖雕、石雕、灰塑、琉璃等各种技法及材料，在中国传统建筑上均有表现。这些装饰从形态到内容，真可谓琳琅满目、精彩至极。我想，如果能以图书的形式较集中地将之展示与论述，这对于喜爱中国传统建筑的世界同仁较深入地理解和认识中国传统建筑文化，乃至对世界当代建筑的创作，都将有积极的意义。若能从我已撰写的著作及多年来所收集积累的相关材料中，甄选精华内容，浓缩出一部关于中国建筑装饰图文并茂的外文版图书，奉献给国内外的读者，我很期待。目前，本书文字稿约6万字，图照300余幅，从千门之美、屋顶造型、雕梁画栋、户牖之艺和台基雕作五个视角入手，向读者展示了中国传统建筑博大精深的装饰之道。

为便于世界读者阅读和理解，文字叙述中没有引用中国古籍原文，尽力改用通俗易懂的语言进行表述。中国古代建筑的装饰极为丰富，在传统建筑文化中，它是一份珍贵的民族瑰宝，我将继续努力去求索。

楼庆西

2012年7月于清华园

注：部分图片来源

① P27页、P46页、P59页页瓦当图录自《瓦当彙编》，钱君匋等编，上海人民美术出版社。

② P28页汉墓画像石图录自《中国雕塑史图录》，史岩编，上海人民美术出版社。

③ P79页受俘图、P115页太和殿正吻图录自《紫禁城》，紫禁城出版社。

④ P115页屋顶图、P139页木构架图、P152页佛光寺大殿出自图录自《中国当代建筑史》，刘敦桢主编，中国建筑工业出版社。

⑤ P213页殿阶基图、P221页栏杆图录自《营造法式注释》，梁思成著。中国建筑工业出版社。

⑥ P214页清式台基图录自《清式营造则例》，梁思成著，中国建筑工业出版社。

⑦ P237页清代定东陵大殿龙追凤御道，张振光拍摄。

⑧ 本书所用测绘图除注明来源者外，均由清华大学建筑学院乡土建筑研究所供稿。

楼庆西

楼庆西，清华大学建筑学院教授。1930年出生于浙江杭州。1953年毕业于清华大学建筑系，曾师从梁思成先生，现留校任教至今。楼庆西先生长期从事中国古代建筑历史与理论的研究与教学工作，近二十余年来重点研究乡土建筑与古建筑装饰，是深受大家喜爱的多产作者。主要著作有：《中国古建筑二十讲》、《中国古建筑砖石艺术》、《乡土建筑装饰艺术》、《屋顶艺术》、《中国传统建筑文化》、《乡土瑰宝系列》、《中国古建筑装饰五书》等。

“中国建筑的魅力”系列图书是中国建筑工业出版社协同建筑界知名专家，共同精心策划的全面反映中华民族从古至今璀璨辉煌的建筑文化的一套图书。本书为其中的一分卷。本卷由建筑大家楼庆西教授亲自执笔撰写。楼老早年师从梁思成先生，深得梁先生的学术真谛，之后一直在清华大学任教并致力于中国建筑历史与理论的研究工作。

本卷从千门之美、屋顶造型、雕梁画栋、户牖之艺和台基雕作五个视角入手，通过细腻的文字和300多幅精美图照，向读者展示了中国传统建筑博大精深的装饰之道。

图书在版编目（CIP）数据

美轮美奂——中国建筑装饰艺术 / 楼庆西著.—北京：中国建筑工业出版社，2013.12
(中国建筑的魅力)
ISBN 978-7-112-14308-5

Ⅰ. ①美… Ⅱ. ①楼… Ⅲ. ①古建筑－建筑装饰－建筑艺术－中国 Ⅳ. ①TU－092.2

中国版本图书馆CIP数据核字(2014)第008578号

责任编辑：戚琳琳　张惠珍
　　　　　孙立波　董苏华
技术编辑：李建云　赵子宽
特约美术编辑：苗　洁
整体设计：北京锦绣东方图文设计有限公司
责任校对：肖　剑　王雪竹

中国建筑的魅力
美轮美奂——中国建筑装饰艺术
楼庆西　著
*
中国建筑工业出版社出版、发行（北京西郊百万庄）
各地新华书店、建筑书店经销
北京锦绣东方图文设计有限公司制版
北京顺诚彩色印刷有限公司印刷
*
开本：880×1230毫米　1/16　印张：16　字数：310千字
2014年10月第一版　2014年10月第一次印刷
定价：156.00元
ISBN 978-7-112-14308-5
(22366)